Spiritual Culture
青心文化

在阅读中疗愈 · 在疗愈中成长

READING&HEALING&GROWING

**回归本真、自由、富足、幸福的生活**

扫码关注，回复书名，聆听专业音频讲解，
用荷欧波诺波诺开启你的幸福之门！

全新修订本

# 荷欧波诺波诺的幸福奇迹

みんなが幸せになるホ・オポノポノ

[美]伊贺列卡拉·修·蓝
[日]樱庭雅文 /著
周海琴 /译

中国青年出版社

# 目 录

推荐序一

## 零极限会让你遇见美好的自己

行动派　琦琦
行动派社群创始人

从接触零极限的那一年开始，我的人生有了量级的变化。

从原本的普通白领转变为财经杂志的副主编，之后转公关行业拿下了行业的奖项后，我开始进入互联网行业创业。现在，行动派社群已经在两年的时间内成为了百万规模的学习型社群，而我也因此找到了我的人生使命……这些看起来需要花费很大代价的人生转变，其实都在这短短几年内发生，而转变的开始就在我接触和学习了零极限之后。

那时候，我的身心灵导师依娜姐姐向我推荐了《零极限》这本书，她告诉我这本书对她产生了巨大的影响，她现在每天都在实践，也感觉生活有了令人惊喜的变化。我抱着懵懂的好奇心，开始阅读和实践零极限，从刚开始遇到事情的时候就零极限，到后来每隔几个月零极限，再到经常性地零极限，现在我每天都零极限，每时每刻只要想起来我就会立刻零极限，它已经成为我生活中如同身体一般的存在。

在不断精进零极限的日子里，越学习越实践，我越能感受到它内涵里的博大精深和运用上的简单轻松，也因此有机会源源不断得到更多的灵感和运气，支持我在生活和事业上有一种“谁的人生给我我都不换”的幸福感。

零极限对我影响最大的启发有两个。

1. 对自己发生的一切负起百分之百的责任。

过去的我总是很难想象为什么负责任的那个人必须是我自己？我想任何一件事情的发生对方都是有责任的，甚至很多时候我会觉得大多是对方或是别人的责任，而我更像是一个无辜的群众或是受害者。可是，在尝试着面对每一次体验，尤其是不够好的体验时，我不再把自己当成一个旁观者、评判者，而是第一时间想，我来负责任，我能够为这件事情做什么，我发现世界会在瞬间转变。

在这么想的当下，我突然看到自己是可以为这个体验或事件本身去做一些事的，可能是多一句鼓励，可能是多一点有益于人的行动。总之，我突然发现自己是有推动一切事情朝着更好方向去走的权利的。每当零极限的时候，我就决定开始要为眼前发生的事负责任，也因此使遇到的事情在很短的时间里得到解决，自己的感受或体会也会很快地得到美好的扭转。不再执迷于评判和抱怨的感觉极其美妙，快乐多了，我也更加成熟和柔软了。

2. 当世界安静下来的时候，你会听见灵感的声音。

我在做财经记者的时候，采访过很多胡润榜上的企业家，期间我常常问他们的问题是，你是如何做那些重大的人生决定和事业决定的？很多人都以为会是数据、调研或者基于一切分析或者判断，而我最常听到的回答竟然是——直觉。是的，看起来很虚无，但却是最真实有效的答案。

当我们都忙忙碌碌的时候，我们跟着信息的风潮，跟着风口的方向，跟着名人或前辈的步伐，跟着媒体每天忽左忽右的口风，难道这就是我们做人生决定的先决条件吗？但往往这样做得到的结果却并不尽如人意。那些支持了绝大多数传奇企业家一路向前的灵感到底在哪里？佛家说，定能生慧，真正了解实质并不一定非要置身在信息的漩涡中，反而是那些有大量时间思考和独处的人，当他们安静下来时，就会听见灵感的声音。零极限就是这样一种能够帮助你安静下来，听到灵感的方法。

在实践了零极限后，当我做好了自己的准备工作，剩下的部分就不再去期望也不再去刻意推动，无论是谈判还是会面或是去处理什么样的问题，我都零极限，每一次都无一例外的，会让我听到灵感的声音，当我跟随着这个声音而行动的时候，无论这个灵感是一句话、一个问候、一个细心的动作还是一本书的推荐，都会给处在当下的我带来特别美好的转折，让一切都朝着比预想还更好的方向发展。我轻松上阵，轻松面对，只需零极限，灵感就能源源不断地浮现。这是我的生活，也是我钟爱的生活方式。

2016 年，在有幸引进零极限的课程到中国后，我终于圆了自己多年的梦想，跟随零极限在全球为数不多的老师们进行学习，每一次学习都让我更加深入地了解了零极限，也感受到修·蓝博士清理的能量。我想，只要我有时间，我就会跟随学习每一次的课程，每一次都可以借由修·蓝博士远在美国的清理，看到更加纯粹的自己。

而我也在进一步学习零极限的过程中，无意中发现，最好的学习方式是把零极限的书全部都看一遍。在过去几年里我都只看一本《零极限》，反复看，但是始终觉得还不够了解零极限真正的涵义。今年，我买下了目前市面上所有的零极限书籍，开始进行认真的主题阅读，这使我对零极限的了解变得更加立体和深刻。一本书只是零极限的一个面，而当我们尽可能地多读零极限系列的图书时，就可以更多维度地了解这个法门为何如此影响我们的内心，影响我们的人生。

希望有越来越多人了解和走进零极限，当你开始运用零极限的时候，你的世界已经开始不同。你还是你，只是看到了更美好的自己。

推荐序二

## 遇见荷欧波诺波诺，遇见生命的奇迹

心理咨询师　吴依娜

2009 年，一个机缘让我遇见了荷欧波诺波诺，从此，我走向了完全不同的人生之路，遇见了应该遇见的人、事、物。2013 年，我开始组织每月一期的公益零极限同修会，更深入地践行荷欧波诺波诺，从那时起，奇迹开始不断地出现在我的生命中，跟随我一起同修的小伙伴们也都一一遇见了他们的奇迹人生。

荷欧波诺波诺也许是目前最简单易行且容易传播并持续践行的心灵法门，它是一个完全不用依靠别人，只需要自己愿意负责并做清理，就能够解决问题的最佳方法。

“对不起，请原谅，谢谢你，我爱你”这四句话，超越了它本身字面的含义，超越了忏悔、感恩和爱。它不可思议的力量在于可以清理过往无数的记忆，以及此刻发生在我们面前的人、事、物，和因此而产生的任何情绪，如果我们不主动去清理和删除，它们始终都在，同时这些记忆会在机缘和合之时反复重演在我们的生活中，让我们陷入无止境的轮回而无法自拔，然而如果我们透过荷欧波诺波诺的方法，坚持清理，我们过往的记忆会渐渐散去，我们内在的智慧也就自然显现，那么，轻松自在地活出原本就完美的自己便轻而易举，外面世界的美好呈现也就指日可待。

来吧，跟我一起体验这个不需要金钱，不需要特意花费时间就可以践行的心灵法门，给予你完全不同的美好人生！

# 序　言

## 靠自己找到真正回归自由、富足、幸福的方法

如今，我成了空中飞人，应世界各地人们的邀请，为了普及荷欧波诺波诺大我意识法，我要在各国间奔走。原本待在家里过着悠闲自在的生活更符合我的性情，但我又觉得自己与生俱来就肩负着一个使命，那就是去造访各种地方，不断地进行清理。

实际上，在我所到的每个地方、所遇到的每个人，都需要清理。

也可以说，我是受到某种指引而去了那些自己必须进行清理的地方，遇到了那些有烦恼且必须得到清理的人们，这些都促使我要不断地清除自己潜意识中的记忆。说到“清理”、“清

除潜意识中的记忆”，有的人可能不明白这到底是什么，请让我先做一下简要说明。

荷欧波诺波诺大我意识法认为，潜意识中的“记忆”会歪曲我们的生活方式。世界一旦形成，记忆就一直在累积，这些纷繁的记忆，会反映在我们的行为和生活方式上，会滋生无数障碍和烦恼。因此，清除了那些记忆，烦恼和痛苦也会随之消失。

清除潜意识中存在的会滋生障碍和苦恼的记忆的做法，在荷欧波诺波诺中就被称为“清理”。通过清除记忆，我们可以回归到本真的状态和生活方式，能够获得完全的自由、富足和幸福。

记忆存在于我们每个人的潜意识之中，因此，清除了自己潜意识中的记忆，就能改变自身、改变世界。我们无须依靠他人，仅靠自己就能彻底解决问题。

荷欧波诺波诺大我意识法就是一个“任何人都可以仅靠自己就能做到”的问题解决方法。

本书的第一章，主要是通过讲述我与该法创始人莫娜·纳拉玛库·西蒙那的邂逅，来介绍其世界观；第二章则阐述何为本真的生活方式；第三章讲解清理的具体方法。

另外，通过第四章的三人座谈，我想帮助大家加深对荷欧波诺波诺的理解，在附录中，我将与大家分享实践过荷欧波诺波诺的人们有过怎样的体验。

我祝愿读者朋友们能拥有超越一切的平静。

身负拯救世界的特殊使命，为了完成这一使命，我自己会不断地进行清理，也热切期盼更多的人能够通过荷欧波诺波诺使自己的心灵得到净化。

最后，对为我整理本书书稿的樱庭雅文先生表示衷心感谢。一遇见他，我马上就意识到，神性智慧已经为我们搭建好了沟通的桥梁。这本书是他受灵感的启发，根据对我做采访的录音起稿的。

对实现本书付梓的德间书店的力石幸一先生、负责企划并参加三人座谈的船井传媒的人见留米女士和高冈良子女士，以及长期在日本为我的图书的营销操心劳神的平良贝蒂女士，在此一并致谢！以上为本书自序。

伊贺列卡拉·修·蓝博士

2008 年 9 月 10 日

# 第一章

# 过往的记忆使我们无法自在随性地生活

百分之百地负责任，只要能理解、接受这个原则并坚持做清理，那么，问题自然会得到解决。把一切都视为自己的责任承担起来，是解决问题的第一步。

## 清理不幸的记忆，回归本真的生活

荷欧波诺波诺大我意识法原本是夏威夷流传的一种问题解决方法，已有400多年的历史。

过去，在夏威夷，部族内部出现问题时，人们就用讨论的方式来解决，讨论由一位长老主持。当问题被讨论清楚后，人们也就释然了。讨论的目的就是从根本上解决问题。

本书中介绍的荷欧波诺波诺全称为“荷欧波诺波诺大我意识法（Self I-dentity Through Ho’oponopono，SITH）”，它是被誉为夏威夷“州宝”的已故传统治疗专家莫娜·纳拉玛库·西蒙那（1913-1992）在灵感启迪下创立的一种疗法。

虽说是莫娜开创的疗法，但我觉得它具有更原始且本质的形态。换句话说，它是一种能够帮助人与神性智慧合为一体并获得灵感的方法。

所谓的神性智慧，就是“生命源头”的意思，也可以被称为造物主或者神，被称为佛陀也未尝不可，或是把它理解为

“永远”。

在夏威夷语中，“荷欧波诺波诺”中的“荷欧”是“目标”的意思，“波诺波诺”是“完美”的意思。“荷欧波诺波诺”也可以解释为“以完美为目标，进行修正、改正错误”的意思。

事物之所以不能保持完美，是因为我们在潜意识中不断重播过往记忆的缘故。

个人的潜意识与宇宙形成以来的所有记忆是贯通的。潜意识中的每一个瞬间都有大量的记忆产生。人能够认知的是显意识部分，潜意识在一秒钟内产生的记忆的数量，是显意识能够认知的 100 万倍。

疾病、事故、挫折、不幸等过往的不祥记忆，如果再现于我们的人生中，不幸就会发生。

当前的烦恼、不幸，经济拮据的状况，都是往日记忆所致。

莫娜为我们带来了一个方法，她教会我们如何清除潜意识中不停产生的记忆，如何做到与神性智慧合为一体。有了这种方法，人就不会迷失在过往的记忆里，并能得到来自神性智慧的灵感，找到本真的生活方式。

也就是说，我们能够找回真实的自己。

如果潜意识中充塞了大量的记忆，来自神性智慧的灵感就不会降临。为了清除潜意识中的记忆，我们就必须不断地做清理。

我们要认识到一切事情的起因都是自己的潜意识，因此要感谢、怜爱潜意识里的记忆，然后再把它清除掉。

我继承了莫娜的衣钵，一直在努力推广荷欧波诺波诺大我意识法。我在世界各国巡回举办研讨会，对人类抱有的各种不幸记忆不断地做着清理。

其实，莫娜所做的和我现在做的这些，都不是什么新鲜事。实际上，从形成人类社会以来，像佛陀那样的圣贤们也一直做着同样的事情。说到底，自古至今人们所努力的方向都是一致的。

在本书中，我想先讲讲我与莫娜的相遇。我希望通过自己的经历，让大家了解荷欧波诺波诺大我意识法的实质以及将其付诸实践的具体方法。

**几经拒绝而最终缩短了彼此距离——我与莫娜的相遇**

我在犹他大学拿到硕士学位后，1973 年在爱荷华大学获得心理学教育博士学位，之后到一所学校担任校长，那个学校隶属于一所培养心理学、教育学学者的大学。另外，教育有发育障碍的儿童并对其进行心理辅导也是我工作的一部分。

当时，我周围有不少人因为孩子的残障问题而倍感压力，我特别想为那些家长们做心理辅导。

1976 年，我从爱荷华州来到了夏威夷，在一所学校担任校长，直到 1980 年才离开。我所在的那个学校，学生都是有精神障碍的孩子。后来由于家庭原因，我没有继续担任那里的校长。

再到 1982 年，也就是 41 岁那年，我遇到了荷欧波诺波诺大我意识法的创始人莫娜·纳拉玛库·西蒙那。

当初去拜访莫娜时，我没有任何动机，既不是出于想开创心理学的新局面的目的，也不是有烦恼要找她咨询，只是像受到了某种召唤似地去参加了她举办的研讨会。对于那个研讨会的内容安排，事前我一无所知。

在研讨会的第一天，莫娜告诉我们："一切事情的发生，原因都在你自己。"这是荷欧波诺波诺大我意识法的根本原则。但我当时并不理解这个说法，觉得她说话很奇怪。

研讨的时候，25 至 30 个参加者围坐在一张桌子周围。研讨开始不久，莫娜问大家，在那个桌子中央，你们能看见那里坐着一位中国男士吗？

她说的中国男士根本就不存在！我当时有点怀疑莫娜是不是精神有问题，于是很快就离开会场回家了。

然而，一个星期后，我又去参加莫娜的研讨会了。前一周因为听不下去中途就溜号了，怎么这周还会去参加呢？现在回想起来，我仍然说不清楚自己为什么那么做。

人有时候会回味以前的事情，思考自己当时为什么要那么做。实际上，那是因为人总是在潜意识的指引下行动，而不是依靠自己的主动选择。

原来，我是在自己潜意识的引导下再次参加了莫娜的研讨会。

这一次，我好歹坚持听完了全场。会后，莫娜对我说："你来的两周前，我就知道你肯定会来。"听到这话，我心里的反应是"这肯定是骗人的"。

乍看上去，莫娜就是一位非常慈祥的老婆婆。跟她在一起让人很放松，但她说的话却着实有些不着调。

因为，我是一个靠逻辑思考的人，她说的话，我很难认同。

因为接受不了她的观点，参加完第二次研讨会，我仍然无功而返。

## 直通神性智慧的荷欧波诺波诺的方法

然而，我又第三次拜访了莫娜。自己也说不清楚为什么，似乎有谁命令我说“你必须去”，或者是有人召唤我去参加。

就这样，我连续三次参加了莫娜的周末研讨会。

莫娜的研讨会一次要收500美元会费。我已经浪费两次会费了，第三次却还是不由自主地往莫娜那里去，我真拿自己没办法。

第三次参加时，由于莫娜事先已经为我认真地做了清理，并且通过前两次的经历，我也了解了研讨会的情形，从那次研讨会后的第二天起，我就开始给莫娜当助手。

但是，我没有跟莫娜谈薪水，说是份工作，但其实在那里任何保障都没有。

当时我刚离婚，帮莫娜工作，就意味着我将失去稳定的工作、大房子、天伦之乐，面临的将是没有保障、没有住处、没有家人与孩子陪伴的生活。前两次我都很犹豫，但为什么我最后还是选择了那种生活呢？我自己也说不清楚。莫娜也没有求我说“帮帮我吧”，而是让我就那么自然地选择去那里。

在我家，只有我一个人上了大学。高中毕业时，我也没有考虑过自己将来要干什么，于是就稀里糊涂地上了大学，并于1962年从科罗拉多大学毕业。后来，我又攻读了博士学位，当然我也不记得自己当初是出于什么动机了。如今，回想自己之前种种不经意的选择，究其原因可能只有一种解释：一切都是潜意识在指引我。

与莫娜一起工作，想必也是潜意识驱使我那么做的。

我们一起工作一年之后，也就是1983年，莫娜被评为夏威夷州宝。虽然顶着无数光环，但她依然那样平易近人。

我和莫娜一起去过一个夏威夷人聚会的地方，她一进屋，人们就都离开了。我那时有点儿怀疑她是不是真的受人们尊敬。后来才知道，人们对莫娜敬而远之，是因为她的荷欧波诺波诺有别于夏威夷传统的荷欧波诺波诺。

传统的荷欧波诺波诺有400多年的历史，用它来解决问题时，需要有一个对讨论结果做总结的长老，并且参加的每个人都要发表意见。用这种方式，由于参加者的意见很难统一而常常不能把问题彻底解决。

莫娜提倡个人与神或者神性智慧直接沟通，也就是荷欧波诺波诺大我意识法。

莫娜创立的方法是：将自己分为“尤哈内（Uhane，母亲、意识）”、“尤尼希皮里（Unihipili，孩子，潜意识即内在小孩）”、“欧玛库阿（Aumakua，父亲、超意识）”、“卡埃（Ka' I，神性智慧）”四部分，由此形成“大我意识”与神性智慧（每个人身上都有神性智慧）进行沟通的形式，并引导人们回归本真的生活。

通过清理潜意识中的记忆，从意识到潜意识，再到超意识，最后是到达神性智慧，环环相扣，顺畅连通，来自神性智慧的光芒一直照进显意识，灵感也随之降临。

传统的荷欧波诺波诺在解决问题时需要一个人负责总结讨论结果，但荷欧波诺波诺大我意识法则不需要。

世上有各种各样的宗教，有僧人、神父、牧师、托钵行者等，其实我们不需要通过这些人就能直接和神性智慧沟通。

我问过莫娜，当初她为什么要创立荷欧波诺波诺大我意识法。

莫娜说，她是通过直接和神性智慧对话知道这种方法的。据说神性智慧曾问莫娜：“我的方法和宗教的方法，你更想选哪个？”夏威夷传统的荷欧波诺波诺，每次在解决问题之后，都要用“以耶稣的名义”这句话来结束仪式。这种方法名为传承传统，实际却加入了天主教的成分。

人是超然万物的存在，神性智慧的声音本来应该是人人都听得见的。但是，由于潜意识中繁杂记忆的阻挠，大部分人都听不见了。莫娜听得见那个声音，所以她一直按神性智慧的指示行事，从不怀疑。

莫娜能做到的事情大家本来也应该能做到。只要真正领会了大我意识法的精神，就能以坦诚的心态做清理，就能听见神性智慧的声音，那么灵感也会降临到自己身边。

因为每个人都可以直接和神性智慧沟通，所以我们并不需要神父、牧师或僧人这些中介。

有了来自神性智慧的灵感，人们就可以不受记忆的困扰，从疾病、烦恼和痛苦中解脱出来，以超然的心态生活。

## 与大学教授的疗法截然不同

有一次，有一对母女来拜访莫娜。因为女儿有烦恼，母亲就陪她来找莫娜治疗。

两人落座后，莫娜叫我也过去跟她们坐在一起。莫娜先问了一句“你怎么啦？”，那位姑娘便开始讲自己的情况。患者还在讲，莫娜也不跟对方打招呼就去接电话、泡咖啡，自顾自地在屋里来回走动。她没有坐在那里倾听患者的陈述，这种做法令我很惊讶。

我所了解的心理学疗法，都要求治疗师必须认真倾听患者的陈述。莫娜的做法让我感到很诧异。我当时很担心她那么做，会让患者生气地拂袖而去。

然而，约 25 分钟后，那对母女离开时，女儿说的话却是“谢谢你！我心情舒畅多了”。

事后我才明白，莫娜在那对母女来之前就进行了清理。她的方法与我所学的心理学方法截然不同。

那位姑娘有烦恼来找莫娜，实际上她烦恼的原因就在莫娜身上。不论烦恼的具体内容是什么，不用患者到跟前，莫娜都可以进行清理。所以，当她们来咨询时，烦恼其实已经被消除了。

过了不久，那对母女再次找到莫娜。这次是母亲有烦心事要找莫娜咨询。

那位母亲说，因为莫娜帮助女儿解决了烦恼，所以自己也想来咨询一下。

原来那位母亲为了配假牙，看了好几家在夏威夷的日籍牙医，结果都不尽如人意。多次请医生调整后，假牙还是不合适。

听完这个情况，莫娜只说了句“你去找当地的牙医看吧”。这个建议就来自莫娜的灵感。

那位母亲，年龄在 85 岁左右。在夏威夷，这个年纪的人一般不会去当地的牙医那里看牙，因为他们觉得东方人比当地人更可靠。

但后来，那位母亲高兴地跑来报告，说她按照莫娜的建议去找当地的牙医看了，结果一次就配到了合适的假牙。她那满足的笑容给我留下了深刻的印象。

荷欧波诺波诺能给人带来满足、幸福，因为它能够将人们带至自己原本应有的状态之中。

但是，莫娜从不为自己的成绩而沾沾自喜。她享受自己所做的事情，并认为自己那么做理所当然。

我也自然地理解了莫娜所做的事情，因此我也从来没有觉得她做的事情有多了不起。

## 不断清理，就会开启人生的新局面

我没有向莫娜请教过任何事情，她也只是对她自己潜意识中与我有关的记忆不断地进行清理。因为她的帮助，我变纯净了，也能收到来自神性智慧的灵感了。

当我开始意识到自己也能做与莫娜一样的事情时，我想进行一些尝试。

但实际上，直到莫娜临去世之前，我都没有想过要继承她的事业。

莫娜是在 16 年前，也就是 1992 年在印度去世的。与其说她去世了，不如说她是羽化了更合适。她离去前，真的一点儿征兆也没有。

直到那时我才明白，从与我相遇之时起，莫娜就一直在为我做清理。因此她提前两周就知道我会去参加她的研讨会。第二次研讨会结束时，莫娜对我说的话也不是骗人的。

当她的肉身从这个世界消失时，我才发觉那些事情我都记在心里了。我一直在随性地活着，没有计划、没有管理、没有安排，只是顺其自然地一路走来。就连博士学位，我也不是为了拿到它而去学习的，只是想学习，结果就拿到了学位而已。

荷欧波诺波诺也一样，我只是形影不离地跟着莫娜，继续着她所做的事情，不断地进行清理，仅此而已。

当初为什么选择这样的工作，至今我也说不清楚原因。我只是认同了这样的生活方式而已。

我只是每一瞬间都在做着清理，我是为清理而生的。

通过清理，该发生的事情自然会发生，事情会自动向前发展。我做清理，就能让自己变得更纯净，其他所有人也能得到同样的结果，这样事情就会顺利进行。

2008 年 3 月，我在大阪举办了一场研讨会。日本友人给予了我很高的礼遇，当时我住的是京都威斯汀酒店的豪华套房，还有劳斯莱斯车来接我。为我做这些安排的是一位非常成功的日本企业家，他患有糖尿病，我也给他做了清理。

我在日本期间，外出经常要坐出租车。我的日本经纪人贝蒂小姐对路很熟，她告诉我很多时候出租车走的都不是最短路线。2008 年 7 月在东京，有一次坐出租车经过靖国神社时，我发现这里有很多需要清理的地方。

我觉得出租车并不是绕远，而是要带我去那些需要清理的地方。

遇事就做清理是我的习惯。当我受日本朋友的邀请，再次去日本时，我又遇到很多需要清理的事情。在本书的第四章中，我和两位女士一起做的三人座谈，也给了我一个做清理的机会。

我一直坚持随时随地做清理。清理能打开新的局面，而新局面开启之前总有很多事情需要清理。

**我在精神病罪犯收容所做清理的体验**

与莫娜一起工作一年后，我受聘到一个收容所工作，那里收容的都是犯有杀人或强奸等重罪并患有精神病的犯人。

去那里工作是受一个熟人之托。她是主管精神卫生的领导，因为那个收容所里没有固定的精神医生，于是她希望我能到那里去工作。

我有丰富的心理学教学经验，但我不是精神科医生。专业心理学教育是我的本行，但给精神病患者治疗并不在我工作范围内。

我跟那位女士解释过很多次，她请我做的事不是我的本行。但是她坚持认为我能胜任，要我务必接受这份工作，不用考虑这件事是不是自己的本行。

我对她说，只要把收容所的犯人名单提供给我，我不用去那里也可以做清理。但她说，犯人的个人信息不能提供给外人，如果不答应到收容所工作她就无法给我提供名单。

她锲而不舍地求了我好几个月，最终我只好妥协，答应到那里工作。后来，这份工作我从 1983 年一直干到 1987 年，做了五年时间。

我来到那个收容所，看到门口装着摄像头，大门也上着锁。打开锁走进去，还要经过几道门才能到里面，每道门都上了锁。戒备如此森严，简直是插翅难逃了。

当时，那个收容所住满了犯人。在那里，暴力泛滥，连工作人员也频频遭到犯人袭击，每周都会发生一两次大的骚乱。一进收容所，连工作人员都会靠着墙走，否则就会觉得没有安全感。

基于这种状况，给犯人用大剂量的镇静药，或者将戴上手铐脚镣的犯人捆绑在床上的情况是司空见惯的。收容所的工作人员，没有一个人打算早点治愈收容的犯人，或者是将其转到普通监狱去。

那些犯人，没有医生的诊断书，一步也不能离开收容所。就算病情稳定，他们也只能被转移到其他监狱或拘留所去，而且还要戴着手铐脚镣离开。

每天早晨，我在上班前都要先做清理。在工作时间出现各种问题时，也接着不停地做，在上下班的路上我也做。我不停地为犯人做清理，心里也有些疑惑：同样是人，他们为什么要犯罪呢?

莫娜也帮我做清理。我把自己的各种想法告诉她，在我上班期间，她就在家里为我做清理。

我想，如果没有莫娜的协助，在犯人身上看到效果可能要花更长时间。

我从不给犯人或者看守他们的工作人员任何指示，也没有跟患者直接对过话，甚至没有举行过一次会谈，仅仅是看着犯人的资料不停地做清理。

看着犯人的资料时，我有一种很痛的感觉。

这说明，我和这些犯人有一些共通的记忆。我的痛感就是导致那些犯人行为异常的元凶。为了消除这些元凶，我必须不断地做清理。

**平均被收容时间为七年的犯人，只要四五个月就恢复正常了**

有一次，一个身高两米多、体重 150 多公斤的大块头男性犯人来到我办公室，威胁我说："修·蓝，我能杀了你，信不信？"我立即对他说："我或许能做比杀你更厉害的事情哦。"

这句话我没加思索就脱口而出了。

要在平常，那个大块头犯人很可能会对我施暴，但是那次，他竟一声不吭地离开了我的办公室。

这次能够平安无事，我觉得是清理的功劳。如若不然，或许我现在已经不在人世了。

在那里，我仅仅是不停地做清理。过了几个月，犯人居然变安分了，给他们用的镇静剂药量也减少了，他们在收容所内走动也已经不用戴手铐脚镣了。

而且不久之后，居然有犯人已经恢复正常，四五个月后就转到别的监狱去了。

那时，整个收容所的气氛有了很大的变化。

以前，犯人离开时都是戴着手铐脚镣被送走，现在，他们则可以像正常人那样走出收容所了。犯人不再闹腾，他们要进行打网球、跑步等活动的需求也得到了许可。

我去收容所工作之前，犯人在那里被收容的时间平均为七年，但现在只要四五个月就能把他们的精神病治愈，然后再将他们转移到普通监狱去。

那个收容所，收容一个犯人一年的花费需要五万美元，收容七年就要 35 万美元。收容所里通常有犯人 40 人左右，算起来这项成本是非常惊人的。

至此，由以前的历时七年到现在只用四五个月时间就能改善精神病犯人的病情，相应的费用也降到了人均花费不到两万美元。

收容所的工作人员以前常因为工作环境风险大，缺乏安全保障，而称病不上班，有人甚至长期缺勤。后来犯人不再闹事，工作也不那么费劲了，又让人感觉有点人浮于事。

而且，在收容所里，原来无论种什么植物都会枯萎，不能生长。深更半夜，在空无一人的厕所里，马桶水流不止的怪事也频频发生。

通过我的清理，厕所再也没发生过无人时流水的情况，植物也能旺盛地生长了。

原来很多人认为那些患精神病的犯人根本没的可救，可是我去了之后，犯人就开始陆续离开收容所。在我辞职离开收容所时，里面已经完全没有暴力了。最后，那个收容所里所有的犯人全都被转移到了普通监狱。

我只集中精力专心地做清理，没有治疗过谁、安抚过谁。

关键在于，我只是抛掉了自己的记忆。我清除自己的记忆，结果把犯人也改造好了。

### 百分之百地负责任是解决问题的第一步

在精神病犯人收容所的工作之所以能够获得成功，是因为我事先并没有设定目标，只管专心于清理。我知道无论发生什么事情，所有原因都在自己身上，所以只有做清理的人，才能找到自己活着的价值。

反正有人会帮我清理，那就都交给别人去清理吧，如果你心里是这样打算的，那你潜意识中的记忆根本消除不掉。

世上有四种人，分别是“任何人（anybody）、每个人（everybody）、某个人（somebody）、没有人（nobody）”。

我们假定有一项非做不可的重要工作。

如果那个工作是“任何人”都会做的，那么大家就会认为其他的“某个人”可能去做，而其结果是最终“没有人”去做。因为“每个人”都以为别人会去做。

谁都能做的事情如果谁都不做，那结果肯定是你指责我，或者我指责你了。

如上所述，不把周围存在的问题视为自己的问题，对它们采取放任不管的态度是解决不了问题的。只有大家认识到自己要百分之百负起责任才行，否则解决问题这件事根本无从谈起。

在碰到问题时，人们往往会归咎于国家、政府、他人，似乎自己没有一点责任。

本来是谁都会做、谁都能坚持的事情，有些人却用国家不行、政治不好、制度就是如此、我也没办法之类的借口来放弃行动。如果大家都是这种态度，那问题永远也得不到解决。

我希望更多人能认识到自己要百分之百负责的重要性，也想告诉大家，如果一个人认识不到这一点，那他所在的团体、社区、国家以至于整个地球的环境都会受到影响。

眼前有做清理的机会，如果你认为这跟自己没有关系，于是就对它放任不管，不去做清理，那它以后可能会引发更严重的问题。

另外，因为你没有百分之百地负起责任，说不定那个责任就得由你的孩子或是侄子、侄女、孙子，抑或亲戚中的某个人来承担了。

疾病、事故、各种失败和过失就是这样发生的。

我在全世界巡回演讲、开研讨会时，如果我不对所有相关的事情百分之百地负责，那么我的过失就有可能会导致我的孙子或曾孙遭遇不测。

## 无论发生任何事情，其责任都百分之百在自己身上

如前所述，荷欧波诺波诺大我意识法的核心原则就是：无论发生什么事情，无论事情发生在谁身上，责任都百分之百在自己身上。

我一直给一位成功人士做咨询，他是夏威夷公认的最成功的商人。我们每周通一次电话，我给他一些建议，也听他聊一些事情。其实在电话里讲的那些话本身不是问题，关键的东西

其实是在我心里。

我们总是约定好通电话的时间。每次通话之前，我都会先想象一下他的情况，想到他时，我的心里也会产生一些想法，这些想法就是要清理的对象。这样一来，他把电话打过来之前，他的烦恼已经被我清理干净了。

找我做过咨询后，他信心倍增，精神百倍，新创刊了一种杂志，还做了一个新项目，一项接一项的工作他都游刃有余。

我给他咨询并不是看他怎么样了，而是考虑到他烦恼的原因可能在我身上，因此我只要清理我自己就能解决他的烦恼。至于他烦恼、痛苦的具体内容是什么，我完全没有必要知道。

咨询师也好，治疗师、心理辅导师、医生也好，他们都认为致病的原因在患者身上，他们要做的就是针对那些原因给出建议或治疗方案，没有人认为患者生病的原因是自己的记忆。

从事倾听患者烦恼、需要为患者解决问题的工作的人，时常会被患者的苦恼所感染，让自己也患上疾病。例如，技术高明的心脏内科医生，不少人 60 岁多一点就死于心脏疾病了。

因此，就算是医生，认为对所有来就医的患者都应该给予治疗的想法是不正确的。医生应该做的是，有些患者要留下来接受治疗，有些患者则需要请他们回去。

不过，如果医生做了清理，那么来找他看病的患者就肯定是他应该接诊的患者了。

以前，曾有个精神科的医生来参加荷欧波诺波诺研讨会，他当时有点担心：如果自己做清理，会不会没有患者上门就诊，导致最后自己连工作也保不住？其实这种担心完全是多余的。

后来，我听说，那个医生用很短的时间就让患者看到了治疗效果，被人们誉为名医。他现在每周只出诊三天，但收入比以前还要多。

## 出发点就是自己要对一切负起责任

自己要百分之百负责任，只要能理解、接受这个原则并坚持做清理，问题自然就会解决。下面，我就给大家介绍一位叫玛丽娜的女士的经历，她以前经常因无法自控而苦恼。

# 体验谈一

## 克服因记忆引发事件的现状

玛丽娜·I. 古埃雷罗

2002年，我面临失业的风险。

我本来有份体面的工作，下属也个个能干。但是，每当我感到压力大或孤独，特别是这两者同时袭来时，就会对身边的人大发脾气。

上司、部长都曾警告过我，但我依然没有收敛，最后几乎要因此受到停职处分了。

在一次EAP（员工帮助计划）上，大家建议我去接受心理咨询，于是我报名参加了愤怒控制学习班（学习如何控制愤怒情绪的学习班）和领导能力开发的训练项目。

刚参加完那些学习、训练时还管点用，不久后我又依然如故了。

我从 1985 年就开始做荷欧波诺波诺了，但“百分之百的责任都在自己身上”这个原则我总也执行不下去。直到后来，有一次部长警告我说：“如果再看不到你改过自新的表现，那就不得不严肃处理了”，这才让我开始对别人的批评有所触动。

虽然自己会反省，但我仍然想指责部长，我对他也有一肚子意见。

我不能像神那样心境至纯，因为对部长有成见无法使我尊敬他，我只能透过记忆的有色眼镜去看他。透过记忆的有色眼镜来看，部长算得上坏人中的坏人，他居心不良，挑拨员工互相争斗、让人当众出丑等恶行举不胜举。

我所处的现实，其实是由我的记忆再现而生成的。在这个现实中，部长就是一个背地里中伤别人的性别歧视主义者。透过我记忆的有色眼镜看部长，他就是一个靠牺牲他人来成就自己的利己主义者。

我深信不疑的所谓现实其实只是自己的一己之念；我眼中的部长只不过是自己记忆的反映而已；这些道理，当初的我并不明白，也理解不透。

如果没有对自己的想法负起百分之百的责任的决心，那就理解不了一切原因都在自己身上这个道理。

以前人们遇事总拿眼睛盯着别人找原因，因为那时我还不知道“责任百分之百在自己身上”这个道理。现在明白了，对自己负责就要正视自己。

那次，部长警告说“不得不严肃处理”时，我想尽力保住工作，也就是在那个时候，我真正意识到自己必须改变了。

于是我开始对所有的事情做清理。对自己、对不明所以的事情都进行清理。每当情绪躁动、脑子里冒出某种念头时，我都逐一清理。

我清理了导致自己陷入困境的所有事情，特别是那些涉及与家人、亲戚、祖先、上司、同事、下属之间关系的事情。另外，我去治疗师那里咨询时，接受咨询之前、之时、之后，我都要做清理。

最重要的是，在我追溯自己生命起点的过程中，发现了自己被别人排斥、我的尤尼希皮里（内在小孩）被拒之门外的记忆，并把它们统统都清理干净了。

我持续清理了几个月。在那期间，我发觉自己没有以前那么恨部长了，也不像以前那么容易孤独了。

我对部下没有再发过火。当然，不发火也另有原因：我担心再这么不管不顾地发脾气可能会失去工作。

说实话，有时一想到不论自己愿不愿意都得老老实实地做清理，我会感觉很痛苦。

那是痛苦的一年，但我还是空前努力地坚持下来了，我不间断地做了一年的清理。那一年的成绩，也成了我后来一直坚持的动力。我本来也是那种一来了干劲就停不下来的性格。

几个月之后，部长竟然调走了！我简直不敢相信。

似乎就在我决定百分之百地对自己负责时，部长在我心里的那个结解开了，那感觉就像是他的使命已经结束，不必再待在我身边了。

做过清理之后，我才终于明白，其实部长给我了一个学会认清自己的机会。如果没有他的存在，也许我还做不到对自己负责。

部长给我的“礼物”非常有价值，我真的很感谢他。

在部长调走之前，我还有一件事要感谢他。因为我有了责任意识，我还将拥有一些获得更大发展的机会。

我做梦都没有想到部长会调走。

现在，我对部长的看法终于能和神性智慧达成一致了。我可以绕过记忆的镜片，直接看到神美妙的安排……

直到现在，我还时常想起自己刚得知部长要调走的消息时的激动。当时的心境，就像乌黑的云层缝隙中突然透射过来一束明亮的阳光一样，让我眼前一亮。一切都得到了升华，我和部长都自由了。

令玛丽娜女士纠结已久的问题是“百分之百的责任都在自己身上”，通过做清理她解决了这个问题。把一切都视为自己的责任承担起来，这是解决问题的第一步。

## 收容所混乱不堪，其原因全在于我

心理学上，给患者做咨询时，咨询师必须考虑自己该如何解决患者的问题。也就是说，咨询师认为患者是有问题的。

但是荷欧波诺波诺大我意识法认为，所有问题终究都在自己身上，所以我们要对自己进行清理。

是的，一切的原因都在自己身上。

如果你感觉某人身上有些令人厌恶、丑陋的东西，说明你自己身上同样也有这些东西。通过清理，只要把自己身上那些东西清除干净，那么别人身上的那些令人厌烦、丑陋的东西也会消失。

前面提到了精神病犯人收容所，可能有人会说，要是教会犯人自己做清理的方法，问题不是能更快解决吗？但是，只要我还没有清理干净自己的记忆，犯人们就无法真正地解脱。

收容所的看护人员和工作人员发现，我的到来使犯人变老实了，他们也来找我咨询各自的烦恼。但我没有教授他们做清理的方法，因为收容所混乱不堪的原因都在我身上。

不过，我还是教了唯一的一个人。

他是收容所的工作人员。只要他在收容所里，犯人们就会安静下来。因为他会用力地掐犯人胳肢窝，那个疼痛真的可以令人不寒而栗，犯人们是因为害怕他而不敢造次。

那个工作人员也觉察到了，只要我在，犯人就不会乱来，于是他来向我请教方法。

他曾在越南战争中当过步兵部队的先遣侦察兵，那是一份时刻与恐惧为伴的差事。那样的精神创伤把他变成了一个态度极其冷酷严峻的人。

这些过往让他开始在精神上失去平衡，玩赶超警车让警察追自己的危险游戏成瘾，一发作就会失去理智，在他就职于收容所期间，也曾被捕并受过拘役。

这样的性格也令他自己感到十分苦恼。得知我用荷欧波诺波诺把混乱不堪的收容所一点点改变过来之后，他说他也想用这个方法来控制自己的情绪。

他活成那个样子，原因也在我身上。但是收容所的事情已经占去了我的全部精力，我没有多余的精力帮他清理，于是就把清理方法教给了他。

开始体验荷欧波诺波诺的方法之后，眼看着他的性格一点点地稳定了，其他看护员们也都为他的巨大变化而惊叹不已。

## 依从神性智慧的灵感而生活的莫娜

我在精神病犯人收容所工作的那段时间，周末都会去帮莫娜举办研讨会。

在莫娜身体还很好的时候，我们共同努力推广荷欧波诺波诺大我意识法。当时一部分学习班由我主讲，一部分由莫娜主讲。

她没有直接传授给我任何东西。她一做清理，我就自然明白下一步该做什么。

关于莫娜，有很多不可思议的事情。

比如，给大家说一件发生在亚利桑那的事吧。一次，在学习班上轮到我讲课了，她和往常一样闭着眼睛坐在后边。我突然发现，听课的学员们都在摇晃身体。

我正琢磨为什么大家都不约而同地摇晃呢？一看莫娜，原来是她在摇晃。所有人似乎都是跟着莫娜的节奏做同样的动作。

莫娜还是一个有独特感受力的人。

有一次，在我的研讨会上，有人提了一个问题。

我当时答不上来，只好说："这个问题我不好回答你。"这时，坐在后边的莫娜突然睁开眼睛说："那是一个毫无意义的问题。"说完，她又低下了头。

回答提问时我会考虑提问者的感受，对那些拙劣的提问往往会说："是直截了当地回答你好，还是委婉点说好呢？"反正我绝对不会说对方提的问题"毫无意义"。

下面说的这件事，发生在夏威夷大学的讨论会上。

当时，研讨会是由莫娜主讲，有一个学员问她问题，她对那个提问的人说："你前世曾是裙带菜。"只要她认为是毫无意义或胡说八道的事，莫娜就决不会理睬。她一切言行、反应都听从灵感的指示。

莫娜真是一位令人捉摸不透的女士。但通过她为我做的清理，我的人生的确发生了巨大的变化。

# 第二章

# 回归本真，自由、富足、幸福地生活

我们人类本来就应该是“空”的，原本生命的起点就是零状态，荷欧波诺波诺大我意识法就是让人们回归零状态的方法。

## 沐浴神性智慧之光才是我们本来的状态

《般若波罗蜜多心经》里有一句话：色即是空，空即是色。这句话的意思是说这个世上被人们认知的一切都是“空（Void）”。

在佛教中，“空”即是悟，即能理解世上发生的任何事情实际都是发生在自己的心里。只要我们从自己的潜意识中把相关的记忆清除掉，那些事情也就不复存在了。

我们人类本来就应该是“空”的，原本生命的起点就是零状态，荷欧波诺波诺大我意识法也是让人们回归零状态的方法。

佛教的“空”是指什么都看不见，什么都不存在。如果我们的潜意识处于一物不存的“空”状态，那么神性之光就会照进我们的意识。神性之光时刻都在照射，只是有时，我们潜意识中的记忆会将它遮挡住。

我们一生面临的所有问题、经历的所有困难，都是由于自己记忆的重现而产生的。

用荷欧波诺波诺对潜意识做清理，就会达到“空”的境界，神性之光自然就能照进来了。通过清理，我们打通神性之光的通道，神性智慧的灵感就会畅通无阻地降临到我们身边。

莎士比亚的戏剧《哈姆雷特》中很有名的一幕——主人公哈姆雷特苦恼地说：“生存还是毁灭，这是一个值得考虑的问题。”在那段独白的最后，他这样说：

这样重重的顾虑使我们全变成了懦夫，
决心的赤热光彩，
被审慎的思维掩上了一层灰色，
伟大的事业，
由于思虑而远去，
失去了行动的意义……

这里的“重重顾虑”就是记忆。记忆“使我们全变成了懦夫”，“决心的赤热光彩被审慎的思维掩上了一层灰色”，“伟大的事业，由于思虑而远去”，“失去了行动的意义”。

因此，如果清除了潜意识中的记忆，就像哈姆雷特说的那样，人们就会变得勇敢，就能成就伟大的事业。

## 人类透过潜意识的有色眼镜活在世上

原本，我们人类是超然于万物之外的存在，不该有任何潜意识的记忆，因此人类原本也不该有语言，应该是静默的存在。但现实是，记忆在不断地干扰我们，神性智慧之光照不进潜意识，潜意识中的记忆又重现于现实之中。

看别人时，我们往往在记忆的迷惑下仅凭第一印象就武断地下了结论，这也是神性智慧之光被遮挡所致。如果人处于没有记忆的零状态，就能直接真切地看清对方。然而，人总是绕不过记忆的屏障。

在前面，我介绍过自己在精神病犯人收容所工作的情况，跟那些犯人接触的时候，如果你面对一个杀人犯，心里就会想

“这个男的是杀人犯”，那么这种记忆就会形成一道障碍，阻碍你看到那个人的本来面目。

即便你面对的不是精神病犯人，而是一个普通人，如果你脑子里存在这个人从事的工作、说过的话、他的人品之类的信息，那么这些信息也会先入为主地支配你对那个人的判断，妨碍你看到一些你本该看清的东西。

这种先入为主，完全是由你自己造成的，它就来源于你自己的记忆。人类就是这样通过记忆的有色眼镜看别人的。这种情况就和人的身体患上了疾病一样。

因此，我们应该抛开记忆。像这样把记忆“抛开”就等于是对它们进行了“清理”。

是从记忆的束缚中解脱出来，还是永远困顿在记忆的束缚里，大家可以自主选择。换句话说，就看你愿不愿意把荷欧波诺波诺的方法带进自己的生活了。

记忆是好是坏无关紧要，只要常做清理，只会有好处，绝没有坏处。

佛教劝导人们放弃执念，放弃执念就能达到空的境界，只有达到空的境界才能彻悟。

荷欧波诺波诺，就是要请大家“抛开自己眼前的世界”，只有这样才能获得真正的自由。

## 与神性智慧共处，所有责任都在自己

图 1 所展示的，就是我们每个人的意识构成。

位于最上面的是生命之源“神性智慧”，在本书开篇也讲过，你可以把它视为神、佛陀或者最高的神。

这里要提醒大家的最关键的一点是，神性智慧就存在于我们每个人的身上。

因此，我们不能依赖别人，不能把责任推给别人。

因为每个人身上都有神性智慧，所以我们不能依赖别人，一切都要靠自己，这就是“一切责任都在自己身上”的含义。

要知道，只有神性智慧才能清除潜意识中的记忆。

神性智慧下面是“超意识”，它常与神性智慧融为一体，

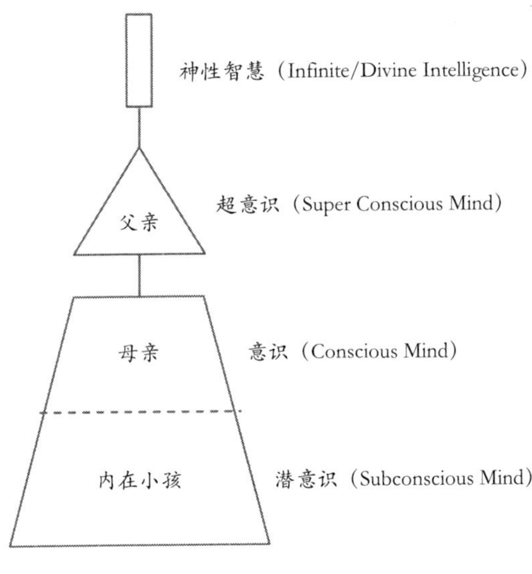


图 1　自性＝意识的结构

在人的潜意识与神性智慧之间发挥沟通的作用。

如前所述，在夏威夷，人们把超意识称作“欧玛库阿”，“欧”的意思是“超越时空”，“玛库阿”是“神”或“精灵”的意思。它真实地存在于每个人身上，上下沟通着神性智慧和潜意识。

在超意识中，既没有潜意识中的记忆，也没有意识中的认知。

超意识对潜意识来说相当于父亲，发挥着调节的作用，它的任务是把潜意识传上来的信息、请求上呈给神性智慧。如果超意识把信息调节得恰到好处，神性智慧就能把潜意识中的记忆清除干净，并降下灵感。

再下面是意识，它是我们平常能够感知的心理及头脑的状态。在夏威夷，人们把它叫作“尤哈内”，对潜意识来说它相当于母亲。

最下面就是潜意识。在这里存在着大量纷繁复杂的记忆，妨碍人们接收来自神性智慧的灵感，妨碍人们过上自己应有的生活。而且，潜意识中负面记忆的再现会直接导致各种烦恼、痛苦和疾病的产生。

在夏威夷，潜意识被称为“尤尼希皮里”，意思是“内在小孩”即“内心的孩子”的意思。

内在小孩指的是一种心理形态，它就像丝毫没有受到人为因素影响的婴儿一般纯真。它的姿态很高贵，但它有时会放大疾病、痛苦、烦恼等负面记忆。

从最顶端的神性智慧到最下边的潜意识，这个整体就是我们每个人的自我意识。

## 人是为不断清除记忆而生的

在潜意识中，时刻都有数量庞大的记忆产生。

我们把意识中思考的信息的量设定为 1，那么驱动我们潜意识的记忆的量就是 100 万。在 1 秒钟之内，有 100 万的记忆产生。

而且，个人潜意识的记忆与这个世界的记忆，即创世以来的所有记忆是连通的。

我们被大量的记忆支配着，但自己却觉察不到。我们就是被这些自己觉察不到的意识所蒙蔽，并被它洗了脑。

记忆无所谓好坏，一切都只是记忆的信息而已。

记忆中欢欣的事情、不吉利的事情无所不包。我们的所作所为就是在这些记忆的左右之下完成的。

控制我们的是 100 万的信息，我们只能感知其中的一百万分之一。我们总以为自己清楚自己采取行动的动机，实际上我们根本不明白左右自己行动的到底是些什么。

人来到世上，贯穿其一生的任务就是清理潜意识中的记忆。因为个人的潜意识还连接着外界的大量记忆。所以，即使是婴儿，也无法摆脱与过往记忆的干系。

人活一辈子，潜意识中必然会存积大量的记忆，那些记忆都是必须清除的。

女性如果从怀孕之前就开始清理自己，就能怀上令自己满意的孩子。只要从胎儿成形之前就开始做清理，胎儿和母亲都会得到净化，孩子也会在纯净中降生。

精子和卵子结合时会产生各种摩擦，那些摩擦会产生很多记忆。如果母子的记忆都被完全清除，没有那些记忆，应该也不会有妊娠反应。

其实，就算是新生儿降生在绝对纯净中，不带来一点记忆的可能性也不大。因为我们降生到这个世界来，活上一辈子的目的就是清除记忆。

如果不需要清除记忆，也许我们根本就不会投胎做人了。

## 无关烦恼的具体内容，只需做清理

荷欧波诺波诺大我意识法，就是要人们通过清除自己潜意识中的记忆而获得真正的自由，还原自己的本来面貌，回归本真状态。给别人解决烦恼或痛苦也是如此，最终都是要清除自己的记忆。

在一般的心理治疗中，治疗师都是先问清患者的烦恼，然后再有针对性地给出建议。但用荷欧波诺波诺来解决烦恼和问题时，我们完全没有必要过问具体内容。

只要做清理，我们并不需要知道患者烦恼或痛苦的具体内容是什么。即使知道了，你也没有办法在自己潜意识的记忆中逐个找到造成烦恼和痛苦的原因，因为潜意识中记忆的数量庞大，是我们能够感知的意识的 100 万倍。

其实，跟患者见面都没有必要。因为即使不照面、不清楚烦恼或痛苦的具体内容，用荷欧波诺波诺照样可以做清理。

在实际工作中，有人找我咨询时，我只要问清他的姓名，就能在他来之前提前为他做好清理。只要在我自己的潜意识中对他的那部分记忆归零了，他的烦恼也会归零、烟消云散。

治疗收不到理想的效果，究其原因，就是治疗师自己潜意识中的记忆没有被清除干净。只要治疗师还没有转变自己的观念，依然认为问题是出在患者身上，那患者的问题就没法得到彻底解决。

不过，用荷欧波诺波诺大我意识法为患者解决问题时，因为是以治疗的名义收取费用，所以患者到访时我也会仔细询问情况，其实只是做做样子，让患者感觉我在为他想办法（而实际上我只需要清理我自己的记忆）。

前面我介绍过，患者来治疗时，莫娜并没有专心听他们讲述症状而是随意在屋里走动，那主要是因为莫娜的个性，她完全不会在意别人的感受。

## 荷欧波诺波诺清除潜意识记忆的步骤

荷欧波诺波诺大我意识法由“忏悔、原谅、转变”这三个要素构成。

忏悔是荷欧波诺波诺大我意识法清除记忆的第一步。通过意识认清潜意识中的记忆得以再现的责任，然后再通过忏悔，改过自新。

祈求宽恕也和忏悔一样，是消除潜意识记忆不可缺少的一个步骤。意识在悔改的同时还会向神性智慧祈求宽恕。

神性智慧接受意识的忏悔、祈求宽恕的请求后，会使潜意识的记忆发生转变，继而将其清除。能够使潜意识的记忆发生转变的，也只有神性智慧了。

清除潜意识的记忆，获得来自神性智慧的灵感并回归本真生活的步骤，具体如图 2 所示。

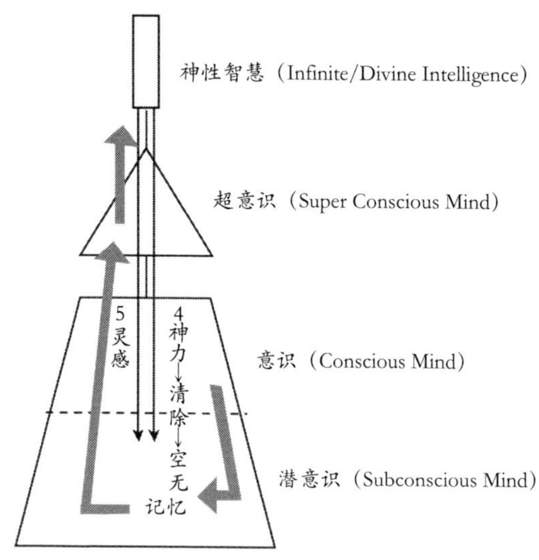


图 2　清除记忆、获得灵感的步骤

1. 首先激活意识，用爱抚慰潜意识的记忆即内在小孩，引导记忆转化。

2. 激活意识的请求，从潜意识上传到超意识。

3. 超意识经常与神性智慧保持共鸣，它把潜意识上传过来的请求进行调整之后再上呈给神性智慧。

4. 神性智慧接收超意识上传来的请求。通过这个过程，神力就会经由超意识、意识到达潜意识之中，把潜意识的记忆清空。

5. 潜意识的记忆一旦被清空，从神性智慧出发、经由超意识和意识的灵感就会降临到潜意识之中。

6. 在灵感的指引下，不知不觉中就能找到正确的生活。

图 2 中，4 所提到的“神力”(Mana)，在夏威夷语中，是“神具有的能力”的意思。神力清除记忆，就像洗涤剂能帮我们洗净污渍一样，它能把潜意识中不易脱落的污渍、记忆刷洗干净。

神力将潜意识清空，灵感就会随之降临。如果不把记忆清除干净，灵感则不能降临。

还有一个前提：如果我们的意识、潜意识、超意识不能“三位一体”，那就无法与神性智慧沟通。因此，必须用爱的语言抚慰内在小孩。

来自神性智慧的灵感是信息，但它不是思考的产物。灵感来临时，心思未动，事已自成。

灵感驱使你做的事情，很可能让你做完了还不明白自己为什么要那么做。它的到来，并不是你努力的结果。

仅仅是因为顺其自然，你的行为就会合乎自己以及自己周围一切的规范。那些行为或许你之前根本想都没有想过。

是生活在记忆的束缚里，还是通过荷欧波诺波诺回归本真的生活，从记忆的束缚里解放出来获得自由，这就要看大家自己的选择了。

## 一切动植物及物体皆有悟性，也有意识

正如我前边讲过的那样，是从记忆的束缚中解放出来获取自由，还是继续困顿在记忆的束缚之中？换句话说，是实行荷欧波诺波诺还是不实行？选择的权力在各人手中。

用荷欧波诺波诺做清理，树木、土地会爱上你，周围的人

们会爱上你。

在前面，我介绍了自己在精神病犯人收容所工作的经历，那块沾满血迹的土地也在瞬间得到了净化。而且与收容所有关的人、建筑物，甚至那里生长的植物都会开始发生变化。

一旦开始做清理，周围的一切都会爱上你，也会亲近你。比如，公司会主动过来跟你搭话："我们的现状就是如此，请给我们自由吧。"自然而然的，你会听到这些来自公司的呼喊。

只要抛弃"自己经营的公司就是自己的所有物"这种想法，公司的经营状况就会自动好转。因为公司本身是有悟性的。

有一个常找我咨询的老顾客，他想卖掉一块土地。

他对卖土地的事特别上心，于是，我建议他："你别总惦记着卖地的事了。只要你抛开卖地的执念，土地就会自己找到下一位更适合它的主人。"

当他放下卖地的执念后，马上就出现了买主。实际上，我事先就听到了那块土地的心声——希望这个人把我买走吧。

支配我们意识活动的只是一百万分之一的记忆，所以我们不用考虑自己究竟该如何做，只要抛开一切执念就好了。土地以及其他一切存在都有悟性，也有意识，我们以为自己拥有它们，其实我们控制不了它们的意识。

我那位卖地的顾客，开始老想着卖地时找不到买主，但当他放弃要卖掉土地的执念时，买主自然就来了，并且卖价还高于他的预期。

## 整合肉眼看不见的能量与震动

在这里，我要给大家介绍一位建筑师，他用荷欧波诺波诺的方法清理了自己，他的事业非常成功。

他承建的建筑物得到业主的高度评价，他工作上的伙伴也受到了荷欧波诺波诺的积极影响。

## 体验谈二

### 我也能净化房屋和土地

远藤亘

有一天我在网上冲浪，一行文字突然进入我的视野“世界上最与众不同的治疗法”。

我看了看文字后边的内容，是这么写的：他们源自我内心的一部分，我只是把那部分治好了。

就在读到那句话的瞬间，我立即有种“终于找到了”的感觉。接着往下读，关键的话出现了：就因为他们都存在于你的一生中，所以“那就是你的责任”。

直觉告诉我，我多年以来一直寻找的东西就包含在修·蓝博士的这句话里面。

我立即报名参加了荷欧波诺波诺大我意识法的基础学

习班。

在第二次基础学习班第一天的讲习结束后，修·蓝博士建议我“只要知道地址，就可以去净化那个地方”，当时，我再次感觉到自己要找的东西就在这里。

我长年以来一直在寻找一种可以自己做，且可以净化土地或建筑物的方法。我曾想把这个作为我事业的主攻方向。

我是做建筑业的，主要业务是整修住宅、店铺、大楼等。我一直在找寻“某种东西”，希望用它来整合隐藏在建筑物实物之中的那些肉眼看不见的能量与震动。

我寻找的“某种东西”就是荷欧波诺波诺大我意识法。

学习班结束后，我认真复习了自己学过的内容，下定决心按照这个方法形成自己的工作风格并长期坚持。

基础学习班结束后的第三天，有一位长期为我调理身体的医生联系到我，说要装修房子。我向他详细询问了一些情况，原来是他夫人每个月请冥想师举办冥想会，要把举办冥想会的房间重新装修。

当时，我的工作风格还没有成型，但考虑到求我的人是自己很敬重的医生，不好拒绝，于是我当即决定要每天清理自己。

开始荷欧波诺波诺的第三天，我感到非常兴奋，有种“一定要干好”的冲动，劲头十足。

实际上，我之所以想整合土地、建筑物的能量和震动，也是因为那个医生说过一句话启发了我。刚得到修·蓝博士的建议就接到了那个医生的请求，我很兴奋。

于是，我首先清理了自己想把装修工程干好的斗志。

重新认真考虑了“谁”在做。

我什么都不知道，也没有能力。但是我相信，只要专心清理自己、争取到达零状态，神性智慧必定会使震动恢复正常。在施工开始之前约 50 天的时间里，我每天都不断地清理自己。

最后，施工进展顺利，工程圆满竣工。我心里有了一种从未有过的难以言说的感觉。

在今后的工作中，我还要继续钻研这种方法，因为这让我的内心得到改善，由此产生的感触、成就感和感谢犹如泉涌一般源源不绝。

施工结束后，医生的夫人高兴地称赞："改观太大了，装修效果非常好！"她还说："施工的工人们也都非常好，真是太棒了！"

不仅装修效果，就连我们的施工队都得到了称赞，我收获了双倍的喜悦。

接着，我又接了一个装修画廊的工程，当然我也按照荷欧波诺波诺的方法做了。

这一次，我同样得到了客户的感谢，他说："装修做得很漂亮！更棒的是那些施工的工人个个都不错！"

再后来的工作，完成工程的质量以及施工的工人依然受到好评。

我确信荷欧波诺波诺对人、事、物，以及森罗万象的一切都有效。

遇事首先做清理，把一切都交给神性智慧去处理就可以了。

我感觉现在的自己有了很大的改变。能遇到修·蓝博士非常幸运，能遇到荷欧波诺波诺大我意识法更是幸运之极。

今后，我要对自己一生中存在的一切百分之百地负责，直视自己，经常做清理。我要衷心感谢平良贝蒂女士，是她给了我与荷欧波诺波诺相遇的机会。谢谢！

除了以上内容，远藤亘先生还有一些体验谈，我在附录里再给大家介绍吧。

## 交给意识、抛开执念，一切都会顺利

刚才，我介绍了一个净化土地和建筑物的例子，这里还有一个公司的例子。

我们假设一个公司因为人才不足揽不到业务，想引进人才又找不到合适的，一时间似乎进退维谷。

其实，在这种情况下，只要抛开必须新引进人才这个执念，让公司自由，那么仅凭现有的人手就能揽到足够多的业务，使公司顺利地运转起来。

因为公司一旦自由了，很可能在公司现有的员工中，就会有人脱颖而出，或者大家无意识中就建立起一个能赚钱的系统。

土地、建筑物、公司等都是有悟性的存在，它们自己知道自己的职责。

这世界上的一切存在，不仅人类，其他的动植物，甚至小小的文具、螺丝、大头针之类的东西，都是独立的存在，它们无须依附于任何东西。

所以，我把做清理的方法也教给了我家的房子、汽车、甚至冰箱等。

比如，有时候车子会出故障，那也是因为我自己的记忆使然。因为事情看似发生在外界实则都是发生在自己心中。汽车出现某种故障，其实是我的意识进入了汽车的意识，并出现在了汽车身上的结果。

但是，当你抛开自己意识中有关汽车的那部分记忆，它就没有了与你相连的部分，就能按自己的想法行动了。

一些在我们看来好像是没有思想的东西，实际上都是有意识的。

比如，以一支钢笔为例。假定生产那支钢笔的厂家有债务，那么钢笔的体质也会承袭负债的阴影。如果你在公司使用这支“负债累累”的钢笔办公，它体质中承袭的负债的阴影可能也会投射到你的公司。

在这种情况下，如果你事先教会公司做清理的方法，它自己就会做清理。只要公司自己做了清理，那么有负债阴影的钢笔就进不来，进来的都会是最适合公司的钢笔。

我在精神病犯人收容所工作时，也教会了收容所的建筑物如何做清理。这样一来，我不在时，清理也能自动进行。

## 改变自己才能改变世界

我前面讲过，遇事不要只是用脑去思考该怎么做。只要你抛开对那件事情的执念，一切就好了。只要自己有执念，事情就不会有理想的结果。

有一次，夏威夷州政府的文化部给我发来一个邀请，希望我在一个会议上做演讲，参加那个会议的人都是中小学校长。

我和往常一样，在演讲之前开始了清理。但是在做清理的过程中，我预知到：无论我这次演讲什么内容，反响都不会理想，为校长们演讲的邀请也不会再有第二次了。

无论我怎么做清理都不见效，提前清楚看到的结局，就是校长们根本听不进我的演讲。

还有一个关键的要点是：想用荷欧波诺波诺去解决一件事的时候，不能光考虑自己的利益。考虑的出发点必须是大家利益的最大化，而不是首先考虑自己。

一个人想干一件事，一般都是有所打算的。但是，“想要结果”这一思维活动无形中也会变成一种限制。因此，我一贯坚持的做法是，尽量只考虑如何将自己的行为动机归零。

来到演讲现场，有两三百位校长到场。

关于荷欧波诺波诺的30分钟的演讲就剩最后一分钟了，当时我心想：“太好了，没有一个人提问，可以顺利结束了。”

然而，就在我讲完准备离场的时候，一位校长举起了手。我立刻想到了演讲前的不详预见，心想，恐怕就是这个人的提问要断送我再次受到邀请的机会。

他问的问题是，为什么财政预算不拨给教育却必须拨给犯罪分子用于改造呢？

我做了清理，针对这个问题的灵感也降临了，但是灵感给出的答案我却不便说出口。

“犯罪进了监狱的那些人正是你们教育出来的学生。”这是我听到的灵感给的答案。

我知道只要说出这句话，一次 50 万日元报酬的演讲就再也不会请我来了。但是，我必须说出来。

自己不会被再次邀请去那里演讲的原因，可能是因为自己出言不当所致吧？演讲前我是那么猜想的。而最后，断送机会的却是灵感所给出的那个答案。说出那句话，我一点都没有后悔，一身轻松地离开了会场。

要想让世界变得更好，那就只有改变自己。那些校长们也应该改变他们自己。

然而，他们不会再次邀请我，也就意味着他们没有想要改变自己的打算。如果是这样，世界是不会变好的。毕竟，只有从改变自身做起，周围世界才能改变。

对自己想要的结果有执念，就不会有理想的结果。

希望这样、希望那样，都是自己的执念，抛开这些，只有达到哪样都无所谓的零状态，事物才会开始朝着最佳的方向发展，朝着真正有利于世界的方向发展。

## 立足零状态，才能扮演好自己的角色

一切都是从零开始的。最近，科学家研究指出永远就在零之中。不过，科学家们是想通过思考来找答案，但思维一启动，一切也就成为了记忆。

另外，心存某种打算或愿望，也是非零状态的表现，是潜意识中的记忆以欲望或期盼的形式再现于现实的表现。

想当棒球选手，想成为宇航员，有这类愿望或目标，就是因为从前的记忆再现而产生这样的欲望，它们都是非零状态的表现。

如果你站在零坐标点上，努力不努力都没有关系，该发生的事情就会自然发生。以财富为代表的人们需要的那些东西，其实只在零状态的地方存在。

每个人身上的神性智慧都会安排你跟适合自己的人、适合自己的事物结缘，会引导你到该去的地方。

我要如此改变、我要保持那样之类的念头就犹如“命令”，其实神性智慧带给我们的惊喜远远大于我们心里的那些小盘算。

佛陀说过，一旦达到“空”的境界就能彻悟。只要达到零状态，那么你需要的一切都会有。

相反，如果没有达到零状态，你连什么是最适合自己的这类简单问题可能都搞不清楚。比如，一个人想上大学，上大学能不能把他引到本该属于他的生活道路上去呢？结果不好说。

我认识的人有一年赚五六十亿美元的，但他们绝对不幸福。因为他们的心灵被欲望占据了。

要生活得幸福，一个人有个一二百万美元就足够了。但要获得真正满意的生活，就必须将记忆归零。

如果立足零状态，我们就能完全把握人、物、动物、植物的根本作用和本来面貌。

祈求神，神就会待在零状态的地方。追求美，美也在零状态的地方。真实、艺术都在零状态中，那里有无穷的财富。

我在本文的开头说过，神性智慧就是造物主，它清楚什么最适合什么，知道怎么做最可能得到幸福。一个人最适合的配偶、最适合的工作、最适合的家……这些，它全都知道。

而阻挡它指引我们的就是我们的思考与记忆。

如果进入绝对纯净的状态，就没有欲望，没有未来，自己与别人之间的界限也会消失。如果完全进入零状态，所有一切都会像自己的亲人一般。

这就是所谓的“合一”，它是一种没有时间、空无一物的状态。人一旦开始构想未来，就会进入记忆的世界。

如果一切都归于零状态，争斗就会消失，怨恨、嫉妒等一切也都会消失殆尽。

不过，我们无法知道自己是否已进入了零状态。因此，与寻求达到零状态相比，我认为每时每刻都做清理更加重要。

## 无须任何努力，自然就能发挥超群才华

不断用荷欧波诺波诺大我意识法做清理，当你来到零状

态，来自神性智慧的灵感就会降临。

只要达到这个状态，你无须努力，个人本来具有的能力就会显露出来，灵感也必定会降临，所以你完全不需要努力，更不需要费心思量。

据说，与海顿、贝多芬一起被称为古典派音乐大师的奥地利天才音乐家莫扎特，就能从树叶的飘落中捕捉到作曲的音阶。

不需要自己主动做什么，发挥才能的机会将自然到来，原本就应该是这样的。

美国高尔夫选手老虎伍兹具备超群的高尔夫才能，他不进行一般人那样的训练，照样能取得稳定的成绩。

上上次我来日本时，到京都拜访了大本教的出口王仁三郎的曾孙出口鲤太郎先生，并在那里烧制了陶器。

出口先生不仅是有名的陶瓷艺术家，而且眼力过人，在摆放的众多作品之中，哪个能得奖、那个能卖个好价钱，他都了然于胸。我认为他能够具备这种能力，就是受神性智慧灵感所启迪的结果。

要发挥这样的能力，一点都不难。

如果摄影师对他的相机说“我爱你”，那他完全不用考虑角度等拍摄的注意事项，只要随便摆弄下相机，相机也会自动对准最佳角度拍摄。

摄影师与艺术家的不同体现在这里。努力不努力不是问题，只要连通神性智慧，才能就会自己发挥出来。

为了发掘出自己的才能，我们必须经常做清理。

### 食材告诉我最佳的烹饪方法

有一位叫欧莉萝·帕·费伊斯·奥嘉娃的女士，她是古罗夏威夷公司的总裁，作为厨师、企业家、美食作家、食品公司老板她都非常成功。在此与大家分享她写的一些体验谈。看了她的经历，大家会清楚地看到创意只有自然涌现，才能得到发挥的实例。

## 体验谈三

### 新创意轻松涌现

古罗公司总裁 欧莉萝·帕·费伊斯·奥嘉娃

我的朋友丹·卡尼埃拉·阿卡卡·朱尼亚是夏威夷文化人类学家。他认为万物都孕育着生命，据说他有时候会为土地进行祷告（为土地祝福）。

丹说岩石、土地、食物，所有的东西都有生命，在我开始做清理之前，他说的这些我都听不懂。

但最近，食物、土地、汽车等很多东西都开始跟我说话了。大家可能会怀疑我脑子是不是有问题，但对于有过这种经历的人来说，这是很自然的事情。

去农场、养殖场采购农畜产品，或者去采购海鲜的时候，我会对那里的人们、土地、建筑物做清理。食材被搬进厨房，我会一样一样地拿在手上，像欣赏价值连城的宝贝那样欣赏它们。

而且，我还会对它们说“我爱你，谢谢你”，有时我甚至会被感动得流泪。每当我这么做的时候，内心都充满了虔诚之感，沉浸在美的享受之中。

有时，我会对食材说：“你们接下来要真正成为一顿美餐了，这是为一个特别的活动准备的。”听到这话，食材们有时候会兴奋，有时候则会沉默。

我一直在开发新菜谱，但这根本用不着绞尽脑汁地去想，新创意总是倏地一下就冒出来了。有时候，食材会主动告诉我什么样的烹调方法风味最佳。

在厨房里，我对烹调器具、锅、菜刀、煤气灶、烤箱等都做了清理。每个工具都很配合我，它们不会出故障，更不会让我为难。所有的东西都很耐用。

我做菜，就像是在与食材、烹调器具一起跳舞一样。烹调的时候，我总是放着自己所喜欢的美妙的夏威夷乐曲，合着音乐，与食材、烹调器具一起舞蹈。

我热爱自己的工作，把饭菜作为礼物呈献给客人、朋友或是来参加各种活动的游客享用，我从中获得了巨大的快乐。

对于我来说，这不仅仅是个职业，还是做清理的宝贵机会，甚至可以说，这也成了我人生的目标。有目的，才能获得自由。

奥嘉娃女士原来吃过很多苦头，后来根据灵感的指引获得了如今的成功。这里只摘录了她体验谈的一部分，以便跟大家分享一下她发挥超群才能的办法。在本书的附录中，还有她的另外一些体验谈，请大家后续参看。

## 以坦然接受现实的心态生活就不会生病

人如果能保持坦然接受现实的心态就不会生病。但如果是被封闭在各种各样的记忆之中，必须这样、必须那样之类的定式就会主宰人们的生活。

生活被定式左右，最后的结果就是生病。如果能坦然面对现实地活着，那医院、医生就都不需要了。

有位女士种的树枯萎了。她说自己从不忘浇水，需要的肥料也施足了。

问清了那棵树的所在之后，我试着直接向那棵树打听原因，结果树是这样回答我的：

“水太多，我都快被淹死了；肥料里含有可燃成分，我难受死了。”

我把这些话告诉那位女士，她控制了水和肥料，结果树自己又活过来了。

我们人类总觉得自己的知识强于树本身的生命力，这种想法是错误的。

我们常常是在自己记忆的驱使下，强行主张树应该这么种、必须那样栽。这么蛮干，树不出问题才怪呢。

人类总是做这样愚蠢的事情。

盆栽可以算作一个有代表性的例子。另外，把树枝扭弯，通过修剪使之萎缩，尽力阻挠枝叶自由生长，强行把它们弄成自己想要的形状。这些都是无视植物自然生长规律的蛮横行为。

这种违背自然的做法对于盆栽来说就是不幸。为什么要那么做？原因就在玩赏盆栽的人身上。

听说喜欢盆栽的人得关节炎的也不在少数。人为加以控制不让植物自由生长，结果不仅仅扭曲了植物，自己也可能因为那个扭曲记忆的投射而得病。

## 别人生病的原因，也都在自己的内在

有饱受疾病困扰的人来找我治疗。

当有人被疾病缠身时，我就会这么做，我会问自己说：“他本来是好好的，是我身上的什么东西以疾病的形式出现在了他身上呢？”我这样问自己，并把我潜意识中与那种疾病有关的记忆清理干净。先请神性智慧用灵感告诉我他生病的原因到底是潜意识中的哪些记忆，然后把这部分记忆清理干净。

即使我们想从自己的意识或潜意识的记忆里找出答案，得到的也只是来自记忆的答案，那只是一个类似借口的东西。只有神性智慧知道根本原因，因为没有灵感就无法明白真正的原因。

有一次，一位女士说自己腰有问题，来找我治疗。

我和往常一样，把自己潜意识中“这个人的腰有问题”所对应的记忆清理干净了。就在这时，一个灵感闪现了，它告诉我“这个人其实不是腰有问题，其表象是腰不舒服，但实际是右脚脚趾盖有问题”。

于是我告诉那位女士“去找医生看看脚趾盖吧，不用看腰了”。她依我所说去找医生治好了右脚脚趾盖，结果腰疼也彻底好了。

那位女士来找我，并不是因为她的腰或脚趾盖有问题，其实是因为我的潜意识中，有致使她感到疼痛的记忆，为了让我清除掉那些记忆，她才来找我的。

这位女士是我必须清理的一个存在，所以她必定会出现在我面前。

给人治疗，或是要做一些改变时，必须要做的，说白了就是要清理自己潜意识中的记忆，这时清除自己潜意识中导致别人患病的记忆是唯一的办法。

而且那种记忆我们每个人都有。当一种疾病从所有人的记忆中消失时，这种疾病在现实中也就不复存在了。

## 魂不守舍是导致精神性疾病的原因

现在，以抑郁症为首的精神疾病患者在逐渐增多，这些精神问题都与其灵魂有关系。

人的灵魂存在于意识和潜意识之中，但如果魂不守舍，就会产生精神上的障碍。

比如，遭遇交通事故受了重伤，如果疼痛过于剧烈，为逃避苦痛，灵魂就会在心灵的乌托邦中得到暂时的休息。

如上所述，在现实世界中，人如果极度痛苦或极度悲伤，他就会陷入抑郁状态。

陷入抑郁状态之后，人就会卧床不起或是精神无法集中，并且感觉不到自己活着的生机，最终还可能会产生自杀的念头。

去精神病院等收治躁狂抑郁症病人的病房，观察那些患者的眼睛，你就会发现他们的瞳孔里并没有生命的迹象。

眼睛内侧，内眼角处有一个白色、呈三角形的区域，如果人陷入抑郁之中，这个三角部分就会消失。没有这个白色三角的人，通常都患有精神类的疾病。

这时候，如果实行荷欧波诺波诺，就会使这种情况有所好转。

也就是说，通过清理潜意识，可以安抚自己的灵魂，让它得到安宁。我通常会问自己：是我自己身上的什么东西，导致他人陷入那种状态中呢？像这样问过自己，我再为那个人做清理，他就不会魂不守舍了。

## 使潜意识感到困惑的名字也是得精神疾病的原因

大家必须注意到一点：如果给孩子取名不当，有可能成为其患精神疾病的原因。无论是建筑物，还是其他的任何事物，名字都是非常重要的。如果所取的名字不是本人想要的，那什么事情都不会顺。

我在西雅图的时候，有一位母亲给我打电话，说她女儿被诊断为患有慢性抑郁症。

我首先向神性智慧询问，是我身上的什么东西导致那个姑娘患上了慢性抑郁症。于是我听到一个声音告诉我“那个姑娘被取了一个错误的名字”。

于是我打电话问那位母亲说："你女儿的名字是怎么来的啊？"那位母亲解释说："女儿出生时，对我们夫妇双方的父母来说都是长孙女，所以祖父母、外祖父母都想给她取名，我夹在中间左右为难。最后，我只好从祖父母和外祖父母所取的名字中各取一半作为孩子的名字。"

就在那时，我听到神性智慧告诉我："那个孩子的名字应该叫玛乌夏。""玛乌夏"有"和平"的意思。

紧接着，神性智慧又提醒我："在她母亲向你请教她孩子该有的恰当名字之前，你不能主动将其说出来。"结果，那位母亲并没有问她孩子该叫什么名字，我也就没有说。我只是想，如果那个姑娘改名为"玛乌夏"，错误名字的记忆就会消失，慢性抑郁症就能好转了。

"在她问之前，不要主动说出正确名字是什么"，神性智慧的这句提醒是否有什么特别的意思，我也不得而知。

上面说的是一个把两个名字各取一半来给孩子取名的例子。另外，名字里包含的意思太复杂也不好。

如上所述，如果人们取名不当，其坏处我就不用再说了。另外，如果公司、大楼等的名字取得不恰当，也会不顺。因为，让潜意识感到迷茫的名字是不妙的。

## 对付抑郁症等精神疾病的“麦比乌斯圈”冥想法

解决上述问题，还有一种冥想法。请允许我先介绍一下这个方法：

1. 向神性智慧呼唤“无限”，开始冥想。

2. 想象出一个“麦比乌斯圈”，把有问题的事物都放置在圈子的中央进行冥想。

3. 在冥想的过程中，神性智慧会在“麦比乌斯圈”的上面盘旋，把需要清理的东西都清理干净。

4. 神性智慧会一直清理记忆，直到清理彻底才结束。清理一结束，它就自动停止盘旋。

“麦比乌斯圈”具有无限延伸的面。它是一个把一条长方形带子扭一圈之后将两头粘合起来形成的圈，带子的平面看上去是无限延伸的。

“麦比乌斯圈”就是没有开始没有终结的象征，在这层意义上，它与零相同。

想象出这样一个“麦比乌斯圈”进行冥想，作为永久的一部分，人就能够进入深度冥想状态，能够获得精彩的体验。

这种冥想，只要想做随时都可以进行。

如果自己的孩子被精神疾患困扰，就可以想象着把孩子放在“麦比乌斯圈”的中央。

通过这种冥想为孩子进行清理，孩子很快就会轻松起来。

如果自己的孩子或亲人的精神状态令你感到苦恼，请你一定尝试尝试这个冥想法。

## 荷欧波诺波诺治疗高血压的效果显著

不仅是精神疾患，当潜意识中的各种记忆投射到现实世界中时，也会引发各种疾病。因而，只要把致病的记忆清除掉，病就会得到缓解。

克克帕·库雷查博士等人的研究证明，荷欧波诺波诺大我意识法对缓解高血压也有帮助。

克克帕博士他们所研究的论文，于2007年9月刊登在《Ethnicity &Disease》杂志第17卷第4期上，论文题目为《作为控制高血压辅助疗法的荷欧波诺波诺大我意识法》(Self Identity Through Ho′oponopono as Adjunctive Therapy for Hypertension Management)。

他们的研究对象是23名患有高血压症（高血压症、高血压前症）的患者，这23名患者中有亚洲人、夏威夷人以及太平洋诸岛上的土著人。克克帕博士一边给他们做常规的高血压治疗，同时安排他们听半天荷欧波诺波诺大我意识法的学习课程。

这23名研究对象，是博士通过散发传单、市民集会、网络招募等形式募集来的患者。23名患者的年龄都在30岁以上，50岁以上的占83%。23个人中，有8个人患有高血压前症或患有高血压症的同时还患有糖尿病，另有两个人有哮喘病史。

在荷欧波诺波诺大我意识法的半天学习课上，大家分享用讨论、对话的方式解决问题的步骤及方法，其间设有问答互动环节，患者还学习了呼吸法、祈祷、冥想等简单方法。

安排了这个四小时的课程，但要不要把荷欧波诺波诺大我意识法真正运用到自己的生活中去，则全由听讲人自己决定。

结果，两个月之后，这些患者的血压变化是：高压平均下降 11.86 毫米汞柱、低压平均下降 5.44 毫米汞柱。

顺带说一句，这个结果是得到夏威夷大学的临床试验审查委员会承认的，他们还评价说："荷欧波诺波诺大我意识法，在日常生活中简单易行，成本低，内容易懂，不会给患者身体或社会带来风险。这不仅在高血压的治疗上，对其他健康问题也有望带来疗效。"

这个结果证明，我们所做的事情是有效的。

其他的疾病，今后可能也会逐步纳入研究范围中。用数字来证明荷欧波诺波诺大我意识法的疗效，很有意义。

## 在临床中初显疗效的荷欧波诺波诺

有医生已经在临床治疗中实际感受到了荷欧波诺波诺大我意识法的效果。有这样一个案例：这位医生参加过我的研讨会之后，一直坚持做清理。随着清理的持续，他主治的患者居然康复了。

石川医生为我们写了他的亲身体验，在此也一并介绍给大家。

## 体验谈四

### 最难治愈的患者康复了

医疗法人 圣冈会 新逗子诊所 石川真树夫

我 26 岁成为一名内科医生，今年是我从医的第 20 个年头。从医学专业毕业后，我一直在做临床医生。“能否尽最大可能帮助患者康复”是我人生中不懈追求的头等大事，也是我所追求的唯一目标。

在当医生的最初五年，我还认为癌症是不治之症。但是，30 岁之后，当我开始做临终关怀医生时，我遇到一个通过“西式（甲田式）饮食养生”治愈已经骨转移的乳腺癌患者的事例，这件事让我明白癌症也有治愈的可能。

在那之后不久，我遇到了一种名为“巴哈花精疗法”的自然疗法，我对这个疗法进行了深入研究。年过四十之后，我又学习了江户时代的易圣水野南北先生的“相法极意修身录”，向吉祥寺小儿科医生真弓定夫先生学习饮食养生。41 岁之后用五年时间学习了鲁道夫·史丹勒提倡的“人智医学”。

42 岁时，我参加了和泉之会——一个晚期癌症患者协会，那次经历让我看到一个希望，那就是后天性的身体疾病，包括癌症在内的所有病都有治愈的可能。

话虽那么说，然而那些被公认为人类痛苦极限的——人格分裂症、精神分裂症、自残行为——这类严重折磨心灵的疾病，我在日常临床中还没找到能帮患者康复的办法。

然而，在2006年，我看到了一线希望。

那个希望当然就是荷欧波诺波诺。

2004年我把患身体疾病的原因及应对方法大致学完了，后来加入了一个名叫“心灵尺度研究会”的跨学科研究会，那个研究会的副会长跟我说了一些关于乔·维泰利先生写的“夏威夷的奇迹治疗师”的传闻。

我想探究这些传闻的真实性，于是在网络的海洋中进行搜寻。不久我就找到了他的著作《零极限》。当时这本书连英文版都还没有正式出版，尽管还在预售状态中，但我还是马上在亚马逊上订购了它。

自那以来，我一直有一个强烈的愿望，那就是当面向修·蓝博士请教。

我的这个愿望背后还另有原因：有几个我每周都要接

诊的精神科患者让我感到十分纠结。这几个患者跑医院跑了三四年，因为病情复杂，一直没有好转的迹象。但是患者们依旧对我的治疗抱有希望和期待，一直坚持在我这里治疗。

我尽可能地不用西药，把一切能用的办法都用上了，极力想帮他们恢复，跟他们一起努力。正因为是这种情况，所以我一看到维泰利先生写的文章，立即觉得修·蓝博士的事是真的。

继而，我也明白了，需要治疗的其实正是我自己。参加2007年11月24日的研讨会则进一步坚定了我的信心。后来，我做的就只是清理了。

2008年，我攻克了一个自己几乎已经放弃了的心理课题，有关那个课题的记忆现在也归零了。

结果，不知道什么原因，这几年由我主治的患者中，最难治愈的患者也开始康复了！

现在，那个患者已经“痊愈”了。在一般的医生看来，那恐怕是“奇迹般的康复”。

现在，我深信不疑。是的，我确信治疗自己就能治疗一切。与其说“治疗”，不如说净化自己、清理、不断清理，才更确切。多么简单啊！

话虽那么说，其实这也是一条需要修炼的路！我遵循佛陀的古老教诲，毫不松懈地进行清理的修行，清除记忆的再现，回到我们生命起点的零的状态、空的状态。

我想，今后会有很多人将荷欧波诺波诺应用于医学，并将它的效果公之于众。以前这种疗法仅是夏威夷人的体验，现在它的疗效已经得到了科学证明，它的未来也是值得期待的。

# 第三章

# 清理潜意识，随性自然生活的方法

内在小孩像天使一样纯洁，但如果你对它不理不睬，不给它做清理，它就会把记忆原封不动地投射出来。人际关系中的苦恼、伤痕、痛楚就会在它的作用下增多，造成很多不良后果。

## 回归空无状态，零状态最重要

帮大家把潜意识归零，找到本真的生活是我的使命，我觉得自己有责任完成这一使命。

值得庆幸的是，很多人已经关注荷欧波诺波诺大我意识法了，但“我是谁”这个每人都应该弄清楚的问题，却没有一个人提及。

大家总是把心思集中在“如何赚钱”与“如何生活”这些事情上，而不愿去揣度那个最重要的问题。

我想，一般人对佛教都有所了解。佛教的内容有核心教义部分，也有周边的义理部分。而佛教最核心的教义，就是关于如何获得真正的自由，也就是如何达到空的境界，除此之外都只是附加内容。

达到零状态不关乎人种，对于华人、夏威夷人，或美国人都一样。因为他们本来就是零，所有人种都一样。也就是说，我们要寻找的是全人类共通的东西。

“为什么会这样”、“如何做到那样”之类的问题都无关紧要，如何抛开执念、达到零状态、获得自由才是问题的关键。

其次重要的是，问题来自何处？大部分人都还没有认识到：问题就是由潜意识中记忆的再现所引起的。

如果弄清了问题的来源，那么接下来最重要的就是如何消除那些记忆了。

举例来说，比如心脏有问题。

这时，我们首先要对引起心脏问题的潜意识中的记忆表达谢意：让我看到了心脏的问题，谢谢你。

若是心脏病，大家往往会有抵触或讨厌引起病症的记忆，这样做只会把问题严重化。

因而，要对记忆致以感谢：“谢谢你以疾病的形式出现在我眼前，现在你现身了，谢谢。”这样一来，引发心脏问题的记忆就会消失。

## 能清理潜意识的荷欧波诺波诺

荷欧波诺波诺把以下四句话奉为至宝：

谢谢你（Thank You）

对不起（I' m Sorry）

请原谅（Please Forgive Me）

我爱你（I Love You）

荷欧波诺波诺会用这些话对自己潜意识中的记忆致以谢意，抚慰自己的内在小孩。

大家没必要觉得这很难。四句话没说全也没关系，只说了“谢谢你”和“我爱你”两句，或者更简单，只有“我爱你”这一句都是可以的。

“我爱你”这句话中，包含了“谢谢你，对不起，请原谅”的心意。说“我爱你”，神性智慧就能接收到这份心意而降下神力去消除记忆，随后灵感就会来临。

不需要觉得这很难，只要说“我爱你”就足够了。不明白它到底是什么意思也无关紧要。

只要对潜意识的记忆，也就是对内在小孩说“我爱你”，潜意识的记忆就会转化。

如果感觉“我爱你”很难说出口，就说“谢谢你”。有的男性很难说出“我爱你”，那么说“谢谢你”也有同样的效果。

另外，用“你很重要”来代替“我爱你”也可以。

这相当于第二章“荷欧波诺波诺清除潜意识记忆的步骤”一节中所介绍的步骤二。

因此，对记忆进行净化，希望清理记忆的请求就会上传到超意识以及神性智慧那里，接着神力经由神性智慧传至超意识，再到意识，最终经由潜意识降临，帮我们把潜意识的记忆归零。

但记忆很快就会复苏，因此，我们要接着进行净化，荷欧波诺波诺的清理必须循环往复地进行。

## 四句真言带给很多人美好的体验

关于荷欧波诺波诺的四句真言，日本音乐家濑户龙介先生有过精彩的体验，他还把这几句话组合起来，作了一首名为《荷欧波诺波诺之歌》的曲子。他写出了一些自己的体验，以下就是相关的介绍。

## 体验谈五

### 发生的尽是不可思议的事情

音乐家　濑户龙介

我与荷欧波诺波诺的邂逅始于朋友森田玄发来的一封邮件。他在邮件里提到了乔·维泰利先生写的修·蓝博士在夏威夷一家医院里工作的经历。时间大约是在2007年年初。

那封邮件令我感到很震惊，我甚至想立刻就见到修·蓝博士。幸运的是他正好要在洛杉矶举行演讲，于是我马上决定和森田玄一起飞往洛杉矶。然而不巧的是，演讲会和我女儿花世的演唱会时间冲突。

最后，只有森田玄一个人去了洛杉矶。他一回来，我就立即飞奔到他那里打听情况。令我激动不已的是，终于在他那里找到了自己一直想要的东西——“谢谢你，对不起，请原谅，我爱你。”

我试着对自己说这四句话，真是不可思议，之后，我立刻会有种放松的感觉。

说不清什么原因，我只是能感觉到来自灵魂深处的轻松和温暖。

“当然，你可以不相信，但你尝试一下就知道了”，玄告诉我修·蓝博士就是这么说的，于是我马上就进行了一次实践检验。

那天，我走进路边的一家咖啡店，环视四周没看到有人吸烟，“嗯，不错”，我不由得暗自庆幸起来。就在这时，进来一位男士，他就像是在追着我问“你刚才喊我了吗？”似的，我一坐下他就到了，并且往椅子上一坐就开始吸烟。

这是我无形中因吸引力法则（注：认为发生在自己身上的事情皆因自己意念的吸引而来。）把吸烟的人引过来了。

一直让我感觉不可思议的是，在餐馆也好、咖啡馆也好，只要有人在吸烟，烟雾必定往我这边飘。真无奈，烟雾总追着我。

这次也不例外，烟雾又朝我飘过来了。

“哦，对了，我来试试荷欧波诺波诺。”我灵机一动，用两三分钟，闭上眼睛对自己说“谢谢你！对不起！请原谅！我爱你！”

等我再轻轻睁开眼睛闻了闻，感觉烟味终于不那么呛人了。等我再看那位男士时已感觉“这个人还不错嘛”。

当我觉察到自己的变化时很是惊讶。

在几分钟之前我还一脸不快，觉得那家伙是个烟枪，令人讨厌。而按荷欧波诺波诺的方法默念之后，还是那个人，我已经不那么讨厌他了。

到底发生了什么呢？

有一天，我出席了秋田县的一个演讲。当我热情洋溢地演讲了有关高我（Higher–Self）和荷欧波诺波诺之后，一位女士找到我说“很遗憾明天我不能来，今天真是太棒了。”

然而第二天，我来到会场，却发现她站在那里哭。

我走过去问发生了什么事，原来她在法国卢尔德圣母泉买的一件首饰不见了，四年来一直寻而不见，但是昨天回到家时居然看到它就在房间中央。

居然有这样的奇事！我自己都有点惊诧了。用荷欧波诺波诺与自己对话后，总是有奇迹发生。

我知道，如今荷欧波诺波诺已经给很多人带来过精彩和奇迹，不试肯定不知道，一试就明白。

2007 年 9 月 18 日，我开车经富士五湖公路朝御殿场行驶。

从右边的车窗能看到雄伟庄严的富士山，我不由自主地在心里双手合十祈祷，同时自己还唱出声来：“I’ m sorry! Please forgive me!  Thank you! And I love you!( 对不起，请原谅，谢谢你，我爱你)”

曲调非常优美！

荷欧波诺波诺之歌就这样产生了。

这首歌是我作曲的，但实际上它是富士山之神送给我们地球人的礼物。回到家之后，我马上记下了乐谱。

2007 年 11 月，修·蓝博士来日本演讲的日子已确定，当时我就想先请博士听听，于是准备去灌唱片。

很偶然的是，因用英文演唱《地球交响曲》《被千遍风吹》而闻名的美国歌手苏珊·奥斯姆也在日本筹办演唱会，于是我邀请她共同参与这首歌的录制。

我女儿花世、奥斯姆和我，三个人的歌是在不同的时间分别录制的，但合成之后，其和谐的程度简直达到了极致。我这么说虽然有点不谦虚，但那真的是有如神助、自然天成！神，谢谢你！

荷欧波诺波诺就是当今社会全人类所需要的东西！如果更多人坚持实践，那地球肯定能在很短的时间内华丽转变。

毋庸置疑，战争、饥饿、不平等、全球气候变暖等问题都会得到解决。

神，谢谢你！修·蓝博士，谢谢你！

爱与感恩！荷欧波诺波诺！

## 要爱护潜意识，即内在小孩

在荷欧波诺波诺大我意识法的清理步骤中，最为重要的是呵护潜意识也就是内在小孩——尤尼希皮里。

荷欧波诺波诺中说到的内在小孩，并不是指自己孩童时代的记忆，而是潜意识，其囊括了开天辟地以来，有关海陆空所有动植物的记忆。因为它的行为举止如同小孩，所以叫作内在小孩。

内在小孩本来像天使一样纯洁，但如果你对它不理不睬，不给它做清理，它就会把记忆原封不动地投射出来。人际关系中的苦恼、伤痕、痛楚就会在它的作用下增多，造成很多不良后果。

我们要把内在小孩想象成自己可爱的子女、亲爱的兄弟姐妹，它对意识比较敏感，需要爱的呵护。内在小孩就是为了寻求爱而存在的。

我们认知的意识相当于母亲。母亲只会朝着自己的潜意识，即内在小孩的方向行进，它不能直接跟超意识或神性智慧沟通。

母亲对着自己的孩子说“我爱你”，孩子的痛楚就会被净化、被清理。只有这么做，母亲才可以和孩子一起去寻访父亲，也就是去寻访超意识。

当意识、潜意识、超意识合为一体之后才能和神性智慧沟通。如果不是这样的话，灵感就不会降临。

也就是说，如果母亲没有好好抚养孩子，就无法跟神性智慧沟通。人不论怎么祈祷都无法把心愿直接传递给神性智慧。

很多人不知道这一点，总是企图直接跟神性智慧沟通。

实际上，不经由潜意识，人们是无法跟神性智慧和超意识进行沟通的。

所以，如果没有尽早认识到这一点，并及时对内在小孩进行清理，那么孩子就感觉不到自己是“沐浴在母爱中”的。

## 学习用爱呵护内在小孩

如果内在小孩感觉到它没有被爱、没有被需要、只是被操纵，它就会把自己封闭起来。

显然，如果因为意识中有厌烦或埋怨等消极情绪导致自己轻视自己时，内在小孩就会停止给意识传递信息，最后问题就会越发严重。

如果内在小孩认为自己即使传递信息也不讨人喜欢时，它就会因为感到沮丧而把自己封闭起来。这种情况确实与现实中的母子关系非常相像，当孩子无法相信母爱时，他们就会关闭自己的心门。

听说在日本，现在每年有三万多人自杀，究其原因就是没有好好关爱与抚慰自己的内在小孩，致使它们被封闭在记忆里，最终不得以才选择了死亡。

必须让内在小孩沐浴在爱里。即便发生不幸也不要埋怨自己为什么那么倒霉，而是必须对它表达感谢。

如果只是接受不幸的事实而不表达感谢，内在小孩就会因为没得到认可，而把自己封闭起来，因此我们要主动地去感谢。

呵护内在小孩，可以按下面的方法去做。

1. 温柔地抚摸内在小孩的头，时常把它放在心上，尽心疼爱。

2. 轻柔地拥抱它，因为太用力会让它感到害怕。

3. 牵起它的手，温柔地抚摸。

4. 拥抱它的双肩，将满腔的情感、慷慨的爱意注满它的全身。孩子能敏锐地察觉父母是不是在做表面文章，内在小孩也一样，它对尤哈内，也就是像母亲一样的意识的爱很敏感。

如果不是用发自内心的爱来对待内在小孩，它就不会配合你。如果内在小孩同意“我一直配合你”，潜意识就会无条件地接受意识的请求。

不过，内在小孩时刻都在观察你的行动和态度，所以你要毫不懈怠地一直呵护它。

给孩子穿上衣服，把他从头到脚都保护好。另外，还要在包里放好一天所需的食物，并给孩子带上换洗的衣物，这些都是现实中的母亲照顾孩子的做法，呵护内在小孩的时候也必须这样细心周到。呵护内在小孩，就是要做到无微不至地关怀。

## 自小就知道自己有内在小孩的人

据说作家吉本芭娜娜女士小时候就感知到了自己是有内在小孩的。

在荷欧波诺波诺的基础学习班上，我教过大家和内在小孩进行交流的方法，比如想象自己给它洗澡。我听说吉本芭娜娜女士从三岁时开始，就跟自己的内在小孩玩过家家的游戏了。

我也请吉本芭娜娜女士写了她的荷欧波诺波诺体验，下面就介绍给大家。

## 体验谈六

### 不能退让的东西

吉本芭娜娜

这绝不是一个吹嘘自己有多纯洁的故事，我小时候和物品、植物说话是确有其事的。花瓶摔碎了我会伤心落泪，动物死了我会为它祷告或悲叹，活得那个累就别提了。如果屋子里有个情绪焦躁不安的人在，我进去就会感觉头疼；去趟医院，我会听到或看到很多常人感知不到的东西，回来必须躺上一整天才能缓过来。对恶意极度敏感让我总是战战兢兢。外出旅行，要离开时我总要说一句“谢谢你，房间”才敢离开。我的心中有一个小小的朋友，它会把高兴的事情收集起来放进袋子里，随身携带。

如今的我，其实内心还是那样，只是小时候更加外露而已。

像我这样的性格，一生要碰多少钉子，大家可想而知了。

疯子、神经质、需振作精神、需增强体质、性格阴郁、麻烦难缠、过于敏感，这些都是周围人对我的看法。

我也试图坦诚地接受这些。

作为现实社会的一员，我也想更现实一些。

后来还真的有了一些改观。

比如，喜爱的动物快死时，我能强打精神跑前跑后地照顾它；不再怕见陌生人、去陌生的各种地方；能接受别人的意见，也能与人配合了。

有段时间，我是有些逃避自己心中那个小人儿的，我不愿意听它的呼喊。

它的瞳孔太透明，我不需要这个！总之，我要是全听它的绝没什么好事，它可能会让我遭到男人的跟踪、女人的嫉妒，或者让我痛苦不断。我发现，厚着脸皮活着更轻松！我尽力阻止小人儿跑出来，把它使劲往里推。我当时没有多想，以为只要自己知道小人儿还在就没事。

但是，那个小人儿一直小声地叫个不停，语调清晰得无法忽略。那个小人儿还能和植物、动物对话，听得见房间、石头的声音。它能区分哪里干净，或者哪里不干净，并不根据那里有没有打扫的事实。

它说，人最可怕。

害怕人？那永远没有出头之日啊！算了，不管它了——我想甩掉它，但小人儿不同意，它要我坚持到最后，即使那是件痛苦的事情。

某个时候，那个小人儿突然开始叛逆了。

有时，那些我为了敷衍了事、偷点儿清闲、讨好别人而撒过的谎全都穿了帮，来势汹汹的净化之旅由此开始。在此之后，我只能听着小人儿的声音活着了，只是我依然没有自信。

不知从何时开始，我无论如何也不能迎合别人了。以前我能说“明白明白，那个想法我能理解”，然而现在，我只能说：“我很喜欢你，但是这里不对，我是那么认为的……”如此一来，很多人不愿再理我，我们彼此都受到了伤害。我也怀疑自己这样做是否有意义。即使是那样，我还是忽略不了那个小人儿的声音。后来发生了一些事，终于有个别能理解我的人谨慎地出现在了我的身边。

即使有了个别的理解者，可怕的疼痛还是见缝插针，弄得我疲惫不堪。

那段时间，扑面而来的责骂是我无法承受的痛。

而且我的自信也在丧失。我自己很清楚，可这一切都无法阻止。

在恢复治疗的过程中，我遇到了荷欧波诺波诺。

有一次，当我读到了一篇对伊贺列卡拉·修·蓝博士的采访时，因为有类似经历，我一下子就明白了博士的尖刻是真正的爱。于是我查了他的行程，报名参加了学习班。

那些曾令我难堪、折磨得我活不下去的所有事情，时刻不忘心里那个小人儿的事情，曾经被人指责诟病的所有事，原来在修·蓝博士看来都是值得赞赏的事。

我感觉自己在博士那里能找到思想共鸣，听他教导后也明白了自己想写小说、出书都是很正确的选择。

以前被大家说成是“夸张”“空想”“靠那个无法糊口”的事情，在他那里都得到了肯定。

在他那里，我具体、完整地学习了抚育内心小人儿的方法。

于是我整个人发生了180度大转变，转变过后我才知道，有很多朋友关心我，鼓励我找回真实的自己。

于是，我的自信又回来了。

自信恢复的同时，那些痛苦的经历也使我更坚强了。

我也真正理解了夺走我自信的不是别人，而是我自己，我彻底抛弃了通过妖魔化别人来突显自己合理化的做法。不论现在还是将来，我都会专心做清理。而且我也逐渐明白了，清理是艰苦的修行，在遇到修·蓝博士之前，我实际上早已在独自坚持。只是以前认为这么做只是孤独中的徒劳挣扎，但是当我见到修·蓝博士、凝视他炯炯有神的眼睛的时候，我知道做清理才是光明之路，更是目标明确的自信之路。我确信自己看到了真正美丽的“无限”，它是我与修·蓝博士还有所有人的终极归属。

我写的这些都是我个人相当特殊的个案，不知道对大家有没有参考作用。不过，对于在意旁人的眼光、不会保持自信的人来说，荷欧波诺波诺应该是很有效果的。

有一次在学习班里，提问专区有位气质优雅的小姐说出了她的顾虑，内容大致如下：

“我意志力不强，害怕坚持做清理。而且我恐怕也很难开始实践。坚持清理让人感觉遥不可及，并且非常辛苦。”修·蓝博士说：“现在不开始着手做一件事，是不是就要拖到明天了？明天还不行，是不是又要拖到后天？拖来拖去最后就只能来世再做了。与其那样，不如现在马上开始，你觉得呢？”

我也是这样想的。

与其逃避内在小孩，抚育它似乎要简单很多。现在的我会牢记这一点的。

像吉本芭娜娜女士那样能觉察到自己拥有内在小孩的人很多。能遇到像吉本女士这样一直尊重自己内在小孩的人，让我的内心充满了希望。

就像大家在这个体验谈中所看到的那样，一个人与自己内在小孩的关系是非常重要的。意识和潜意识，自己的认识与内在小孩的关系如果协调好了，一切事情都会顺利。

无论什么事情，没有内在小孩的同意，我就不会做。通过与内在小孩保持良好的关系，我们就可以接近零状态。

如果母亲能把孩子照顾得无微不至，就没有必要考虑荷欧波诺波诺。只要给内在小孩洗个澡，给他吃饭，陪他说话，作为父亲的超意识还有神性智慧就会自然而然地随之而来。

### 能代替四句真言做清理的物品

前边讲过，“我爱你”这句话有着特别的意义，除此之外，能转化潜意识进行清理的物品还有很多。

喝蓝色玻璃瓶里倒出来的水，即蓝色太阳水也能达到说“我爱你”一样的效果。蓝色太阳水的制作方法后边将另行说明。

还有口诵“冰蓝”去触摸植物，就能清理有关疼痛的记忆。

另外，银杏与肝脏蓄积的毒素有关系。把银杏叶子风干后放在钱包里或夹在记事本里随身携带，就能改善肝脏的解毒功能。

心脏或呼吸系统有问题的人携带枫树叶子会缓解病情，因为枫树叶子能够带来冰河时期的纯净空气。

我的长子在呼吸系统方面有些问题，所以我经常手里拿着枫树叶子为自己做清理，我在自己身上查找导致孩子患病的原因。

我会想象喝粉色百合、香水百合花上的露水。通过这种想象，能够清理自己对于死亡的恐惧。我每次坐飞机时，都会想象喝粉色百合花上的露水。

还有，在电脑前工作时，我必定会准备一个玻璃容器，在里面注入 3/4 的水，再撒入蓝玉米粉，弄好后把它放在电脑旁边。

这样做，可以清理所有与电脑相关的麻烦，比如因垃圾邮件而导致工作受到干扰等。

如果没有蓝玉米粉，在旁边放上装有蓝色太阳水的杯子也可以。蓝色太阳水能清除一切。

还有，思考问题时吃香草冰激凌可以起到清理的作用。思考的时候，无论如何都会出现一些知识内容，这些就是记忆，因此必须清除它们。

我讲话多的时候，都会吃两三次香草冰激凌，以至我在家里还备有冰激凌机。

果汁软糖也有同样的功效。

我总是戴帽子，有人说这是我的标志。实际上，是帽子常常在我跟别人说话时为我做清理，帮我找到自己内在导致我进入这个对话的原因。

## 荷欧波诺波诺清理工具的使用方法

在前一节，除介绍四句真言之外，我还讲到了蓝色太阳水、“冰蓝”、银杏、枫树叶子、想象喝粉色百合或香水百合花上的露水，这些都是用荷欧波诺波诺大我意识法清理潜意识时能派上用场的工具。

清理工具，除了这些还有很多，下面就介绍其中的一部分。

◎“Ha”呼吸法

“Hawaii（夏威夷）”中的“Ha”在夏威夷语中是“灵感”的意思。顺带说一句，“wai”是水的意思，最后的那个“i”是神的意思。

也就是说，夏威夷就是“神·灵感·水”的意思，夏威夷这个词本身就是一个净化的方法。

“Ha”呼吸法，请按以下步骤进行：

1. 挺直腰身坐在椅子上。

2. 把手放在膝盖上。

3. 双手的大拇指和食指靠紧。

4. 边吸气边在心里计时到 7 秒。

5. 屏息 7 秒钟。

6. 用 7 秒钟时间呼气。

7. 屏息 7 秒钟。

8. 把从第 4 步到第 7 步作为一个循环，反复循环 7 次。

“Ha”有激发生命能量的作用，这种生命能量会传递到潜意识中去。

顺便说一句，在夏威夷，作为“你好”“谢谢”“再见”等意思来使用的“阿啰哈（Aloha）”，原本的意思就是“我在神的面前”，这句话也有净化的效果。

**◎ 在心中想象做“Ha”呼吸法**

在日常生活中，我们因手头有工作或是坐在电车上，实际很多时候都无法按上述步骤做“Ha”呼吸法。这时，你只要在心里想象做“Ha”呼吸法也有效果。

**◎ 蓝色太阳水**

前面说过，“Hawaii（夏威夷）”中的“wai”有“水”的意思。可以说蓝色太阳水就是生命之水。

蓝色太阳水可以通过以下方法得到：

1. 准备一个蓝色玻璃瓶。家里装烧酒、白酒、葡萄酒之类的酒瓶如果是蓝色的，直接拿来就可以。

2. 把瓶子里装满水。可以是自来水，也可以是矿泉水。

3. 盖上瓶盖子。必须注意的是，一定不能用金属盖子。

如果瓶子原来的盖子是金属的，则可以用保鲜膜套上皮筋当盖子。

4. 把装好水的瓶子放到阳光下照射30分钟到一个小时。没有太阳的时候，也可以放到白炽灯下照射，但荧光灯不行。

放到阳光下照射过后的太阳水可以直接饮用。可能的话，坚持一天喝两升较好。用蓝色玻璃瓶制好的蓝色太阳水可以倒入其他容器储存。

此外，用它来做饭，或是冲泡饮料都是有效的。还可以加到洗澡水中，作为化妆水使用，或者浇灌植物，当然也可以给宠物喝。

还有，如果把它加入到洗衣服的水中，洗衣机会很高兴。

再有，坐在桌前或电脑前工作时，你可以把蓝色太阳水倒满杯子的3/4，将其放在桌子或电脑桌的一端，它就会自动地做清理。

我经常随身携带蓝色太阳水。

只是，蓝色太阳水务必尽快用完。因为是生水，它有时候会变质。

◎ **想象自己在喝蓝色太阳水**

没有蓝色瓶子没法制作蓝色太阳水或身边没带时，在心里想象自己在喝蓝色太阳水也有效。

◎ **念诵“冰蓝”**

我在前边介绍了对植物说“冰蓝”能够清理疼痛的方法，这个词语能够清理有关灵性方面、精神方面、物理方面、经济方面、物质方面的疼痛问题，以及过去悲惨的记忆。

“冰蓝”是冰河时期的水的颜色，你想象一下这个词在你印象中的颜色就行。不仅可以对植物念诵，也可以针对自己的问题在心中叨念这个词。

◎ **想象回家**

出去旅行、在学校上学、在单位工作或者去附近超市购物，无论到哪里，你都可以在脑子里想象自己是在回家。请大家想象自己回到了家门口，或是在停车场时放松的状态。

这么做可以清理那些负面的情绪。

◎ 在心里放一个“×”

在心里想象“×”的形状，或是想象某两样东西交叉的样子也可以。还有，当出现问题时，嘴里说一声“1 个 ×”。

“×”能够清除有关中毒、虐待、破坏一类的记忆，能够把相关的思考、经验复原到原来正确的时间或地点上去，这样我们就能解放自己因那些记忆所带来的心理负担。

此外，“×”还具有使内心安定、使其他清理易于进行、提高其他清理工具效果的作用。

**◎ 心理问题的清理工具**

在蓝色太阳水中滴入一两滴新鲜的柠檬汁，喝这个可以平息歇斯底里的情绪，也能清理一些有关抑郁的记忆。

还有，用滴入了新鲜柠檬汁的蓝色太阳水解决心理问题时，也可以和用“Ha”呼吸法、蓝色太阳水一样，仅在心里想象一下这些方法同样有效就可以了。

◎ **金钱问题的清理工具**

请备好一个酒瓶椰树的盆栽。

酒瓶椰树里储存着神性智慧的灵感。酒瓶椰树就像银行的ATM机（自动存取款机）一样，我们可以按需从里面取出神性智慧储存的灵感。

用它做工具可以清理经济、金钱方面的问题。

◎ **感觉难以忍受时的清理工具**

吃草莓可以清理像减肥一类令自己难以忍受的痛苦，或是抑郁等情绪方面的问题。

## 用于日常清理的“Ceeport”商品的效果

我们要工作，还要处理各种日常事务，时刻有意识地坚持做清理很难。这时，使用“Ceeport”商品是个不错的选择。这些商品是我根据神性智慧给予的灵感的启示而制作的。

在几年前的一个夜晚，我正在走路，突然听到一个声音：“回到家之后，拿出荷欧波诺波诺大我意识法的学习资料，读第103页第二节的内容。”当时我正在一条大路上，路边有美丽的道旁树，我对树念“冰蓝”做净化，大树回报我以安慰。

就在我心里念着“冰蓝”同时去触摸树木时，听到了那个声音。

我回到家中，来到书房，根据那个声音的命令，拿出了荷欧波诺波诺的学习资料。

我翻到了它指定我读的第二节，上面写着这些内容：

做清理吧。( Clean )

清除、清除。( Erase Erase )

找到你自己的香格里拉吧。( And Find Your Own Shangri–La )

在哪里？（Where? )

在你自己身上。( Within Yourself. )

香格里拉就是理想国的意思。

这时又有声音传来：“把这首诗最开始的三个词的首

字母‘Cee’和‘Port’这个单词组合起来，造一个词语‘Ceeport’吧。”

“port”是港口的意思，它和表示清洁、清除的“Cee”组合起来，就产生清理、回归自己生命的港口的意思。

我的一个朋友发来邮件说，他每次用手机都会头疼。我读了这封邮件后又听到一个声音：“告诉你的朋友，让他在手机上贴一张写有‘Ceeport’的小条。”我把那个方法告诉了朋友，几天后，他发邮件告诉我，他已经完全从头疼中解放出来，他感觉好极了。

“Ceeport”也是消除记忆，使意识回归零状态的清理步骤。神圣意识是存在意识的母港，是它实现了佛陀的彻悟。

在日常生活中，忙着工作或忙着做家务时，神性智慧的灵感即使来临了我们也接收不到。要接收灵感必须时刻保持记忆被清空的状态。

但是，如果你身上带有标注为“Ceeport”的商品，你就能随时净化记忆，也就不会错过来自神性智慧的灵感了。

## 使用“Ceeport”商品，消除烦恼，改变人生

“Ceeport”商品有以下这些：

**◎“Ceeport”贴纸**

在电脑、手机等电子产品，房子、办公室等重要的风水之地贴上这种贴纸，它就会时时为我们做清理。

**◎“Ceeport”清理卡片**

这是一种类似扑克牌的卡片，你可以用它跟自己的尤尼希皮里，也就是你的内在小孩进行对话交流。

每天早晚洗一次牌，洗牌时，脑子里要想着做清理，洗完牌后抽出一张来，那张牌上写的那句话就会在那一天为你做清理，给你启发。一定要把那句话多读几遍。

如果你自己想清理的内容和抽到的卡片上写的话格格不入，可以重新抽卡。

不仅是早晚，只要有问题必须清理时，就可以抽取一张卡片，这时抽出的卡片上面的话对清理那个问题肯定有效。

◎“Ceeport”卡片

这是一种与信用卡大小相同的卡片。

只要把它夹在书、笔记本或文件里，你需要的有用信息就会从庞杂的内容中浮现出来，进入你的视线。

如果将它放进钱包，它就能把那些经过了无数人的手，储存了大量记忆的钞票净化干净，让你愉快地存钱，减少不必要的浪费。

◎“Ceeport”别针

它是一种别在衣服上的装饰别针。无论去哪里，只要别上这个，它就会为你做清理。

这些“Ceeport”商品可以在荷欧波诺波诺亚洲网站（http://blog.hooponopono-asia.org/）上买到。另外，在“Ceeport”专卖店里还有蓝色瓶子出售。

这些清理工具，和不断说“我爱你”有同样的清理效果。

若在身边携带这些商品时时进行清理，适合你个人的个性化清理工具也会显现效果。

有一位听过荷欧波诺波诺课程的男律师，他在研讨会的学习班上报告说，他用了“Ceeport”商品中的贴纸、清理卡片、卡、别针等全部产品，自从自己日常一直随身携带这些东西以来，他的工作变得顺利多了。

还有一个人的使用方法有些与众不同，她也很有效果，下面我也介绍给大家。那是一位母亲，她一直为十几岁的女儿的事烦恼。

她说：“我在一张全家福照片的背面贴了一个‘Ceeport’贴纸，结果以前的烦恼消失得无影无踪，现在女儿和我的关系就像好朋友一样。”

我身上也戴着“Ceeport”别针。特别是旅行途中和做演讲的时候，我都坚持佩戴。而且我常常把“Ceeport”卡带在钱包里，这个卡会净化钱包里的所有钱，包括放进去的、拿出来的，以及从信用卡里收支的。

另外，我书架上有几本书还没读完，在那些书里，我也夹了“Ceeport”卡，书得到了净化，里面真正对我有用的那些信息就会自动跳进我的视线。

像我上面介绍的那样，清理工具多种多样，使用这些工具或者用四句话来进行清理，一旦靠近零状态，最适合你个人的清理工具的灵感就会降临。

在坚持做清理的过程中，我希望大家尽可能不要依靠别人，而是靠自己去体验灵感。

# 第四章

# 三人座谈：人类背负的烦恼都能被消除

对不起，请原谅，我爱你，谢谢你！

人见留米女士是船井媒体发行的CD与卡带杂志《Just》的总编辑，高冈良子女士是月刊《船井》的总编辑。此前她们在月刊杂志上专题报道过修·蓝博士，并积极主办修·蓝博士的活动，用各种形式介绍荷欧波诺波诺的理念，不知反响如何？

### 枯萎的植物开始复活，花开得更持久

**人　见：**我们在《船井》2008年2月刊上刊登了修·蓝博士和船井幸雄会长的巅峰对话，读者反应热烈，“我很感动，世间竟然存在这么精彩的见解！我想马上给孩子试试荷欧波诺波诺的方法”。

特别是，大家对蓝色瓶子的关注度很高，想买瓶子的读者都是10个、20个地追加订购。

有个读者打电话来说，她不仅自己喝蓝色太阳水，还用它浇花，结果枯萎的植物都复活了，缺乏生机的花草也生机勃发，花也开得更久了。说实话，听到这样的事情我也很惊讶。

**修・蓝：**人的心脏出问题或是患糖尿病都是由过去记忆的重现所导致的，用蓝色太阳水把潜意识的不幸记忆清除干净，同样的情况以后发生的概率就小很多。

喝进的蓝色太阳水能直接作用于潜意识，清除其中的不幸记忆。给植物浇蓝色太阳水也是如此。

土壤如果感觉不幸福，种在土里的植物就会生长在不幸中。只要把种子或幼苗在蓝色太阳水里浸泡后再栽种，它就能消除土壤的不幸记忆。

用蓝色太阳水浸泡过的种子或幼苗，有时会干枯但绝不会腐烂。

人的心脏出问题或患糖尿病、关节炎时喝蓝色太阳水能够清除细胞内的记忆。即使死亡的细胞重生，已被清除的记忆也不会复苏，因为潜意识也会对细胞的活动产生影响。

所以，在蓝色太阳水里浸泡过的种子或幼苗，不会轻易腐烂或得病。

## 荷欧波诺波诺对不信它的人也有效果

**高　冈：**世界上所有的不幸，都是由潜意识中记忆的重现所引起的。因此，疾病也好、烦心事也好，只要清除了记忆，就不会再发生了，是吧？

比如有个方法，大家都说效果不错，但不相信那个方法的人去尝试的话可能就没效果。对这种情况，荷欧波诺波诺会怎样呢？

**修・蓝：**比如有人不信荷欧波诺波诺，他可能会对你说“这样的事情不可能发生”。其实这种话不是出于他的本意，而是你的记忆指使他说的。

如果你能清除自己潜意识中的记忆，别人不信也无妨。

**高　冈：**听说为了今天的三人座谈，您提前做了清理，请问您具体是怎么做的呢？

**修・蓝：**不仅给你们两位做了清理，我还给我们的祖先做了清理。

我们的祖先最初是漂浮在大海之中的原始生命体，后来进化出脊椎变成鱼，再后来又有了肺才来到陆地上并一直生活到今天，循着生命进化的足迹，我一路为祖先做了清理。另外，我还对我们现在所处的三维空间之外的维度做了清理。

就这样，在我记忆中与自己有关的所有记忆都被清理干净了。

**高　冈：**我只跟您见一面，您就能一直上溯到生命的起点去为我做清理，是吗？推而论之，如果我们每个人都这么做，世界将会很快朝好的方向转变，是吗？

**修·蓝：**荷欧波诺波诺追求的零状态，就是什么都没有的空无状态。所以，要上溯到宇宙大爆发之前去做清理。

可以在心中唱念四句话“谢谢你，对不起，请原谅，我爱你”，或者通过喝蓝色太阳水进行清理。

## 烦恼、痛苦都源于自己的记忆

**人　见：**我们是依托肉体降生的，因而很难摆脱疼痛、烦恼的纠缠。在现实世界中，可以说我们每天都在斗争，为什么人会受到肉体的束缚，又因执迷不悟而挣脱不了烦恼和痛苦呢？

**修·蓝：**我们本该是有悟性的存在，但记忆总是如影随形，不可避免地被投射到肉体上。

你说人们每天都在斗争，这种斗争不是发生在外界，一切都在自己的内心。痛苦、烦恼其实都在心里，肉体只是映照出了它的影子。因而，外在实际上什么都没有。

比如，有人身体不舒服，其实也是周围其他人的想法映照到了那个人的身体上。

也就是说，是记忆使我们生病。

因此，只要把那些记忆清理干净，身体就会好起来！

综上所述，事情发生在外界，但原因则在我们自己身上，一切都是自己的责任。疾病也好，烦心事也好，痛苦也好，都是由自己意识中的记忆滋生出来的。因此，清除这些记忆，神性智慧之光才能照进潜意识。

是自己遮挡了神性智慧之光，所以我们只要做清理，光亮就会照进来，与超意识和神性智慧融会贯通。

2007 年 11 月份，我第一次见船井幸雄先生。在见他之前，我试着查问自己“我身上发生了什么？”因为，人与人的相遇必定是有缘由的。

我要遇见一个人，必定是我有一些记忆需要清理。如果我是处于零状态、潜意识里没有记忆，那很可能我一生都没必要见到船井先生。

见船井先生之前，我会做清理。同样，来日本时，我必定也在来之前为那些与自己有缘的人们做过清理。

到底清理了什么，具体内容我自己也不知道。为什么这么说呢？因为潜意识的记忆是意识记忆的一百万倍之多，我根本没把握记住它们。但我们可以做到的是传送意识、消除记忆。

今天，走进这间屋子的时候，我眼前浮现了小猪摇摇晃晃到处找妈妈的景象，这些也都是源自我的记忆（注：在举行三人座谈的大楼附近，有个卖肉的市场。修·蓝博士并不知道这个情况)。与大家见面，对我来说是一个清理自己的机会，是你们帮我揭开了我自己身上从未被发现的地方，让我有机会清除干净。

经过清理，进入了零状态，事情就可以了结了。

在加利福尼亚一个叫伍德兰希尔的城市举办讲座时，我感到一位来参加的摄影师的相机哭了。我问摄影师，那是怎么回事，他说他们摄影组的一个成员家属去世了，他来参加论坛之前刚刚结束了葬礼的摄影工作。

因为相机是在葬礼之后来到这里的，所以它还带着悲伤的情绪。

鉴于这种情况，今天在乘电梯时，我对这个大楼所有的电力系统以及空调系统的记忆都做了清理。

### 若全世界的人都实行荷欧波诺波诺，那一切问题都能解决

**人　见：**在北海道的洞爷湖召开世界高峰会议时，会上的各国代表和首脑很难达成共识。伊拉克、阿富汗、巴勒斯坦仍

是战火不断，在非洲仍有很多孩子因为饥饿而死亡。

如果我们都来做清理，是不是这些需要全世界共同思考的问题也能得到解决呢?

**修·蓝：**那些问题的解决靠的不是各国代表的争论不休，而是要靠我们自己做清理。

参加清理的人越多，这些问题解决起来就会越简单。

从生命诞生之初就一直存在战争。每个时期的战争形式可能都不尽相同，但它一直没有消停过。20 世纪被称作战争时代，而 21 世纪的战火仍不见熄灭。

我在世界各国进行演讲、举办研讨会，德国、荷兰都有上百人的荷欧波诺波诺大我意识学习班。其实我个人不太喜欢东奔西走，我发自内心地渴望住进深山幽谷，享受闲庭信步的生活。

但我又觉得自己有责任去告诉更多人：这个世上所发生的事情百分之百是我们自己的责任。人们总觉得原因是外在的，其实一切的原因都在自己身上。

如果大家都能接受自己要负起百分之百的责任的观点，全世界的人都来清理，那么国家之间的问题可以被解决，人际关系的压力、疾病等一切问题也都能得到解决。

我在世界各国不断巡回演讲，目的就是为了传播这个观点。

## “除掉神性，才能回家”是什么意思？

**高　冈：**在《零极限》那本书中，修·蓝先生曾谈到过“除掉神性”。

您说：“我得到‘除掉神性，才能回家’的指示。”有人问：“可是怎么除掉神性呢？”您回答说：“不断净化呀。”

您说的“除掉神性”到底是什么意思呢？

**修·蓝：**当我们想依靠神时，自己的内心就会产生一种“宗教”。我想说的是，与其“除掉神性”，不如抛弃“自己对凭空想象出来的神的迷信或拒绝”。

**高　冈：**这是因为我们面对各种各样的人和事，往往在不知不觉中就会产生一些迷信或者拒绝的思维定式。

**修·蓝：**战争总是在何为正确、何为错误的争论下发生。谁都认为自己就代表着正义，这是战争发生的原因。

这句话是在科罗拉多的研讨会学习班上有人提问时我给出的答复。提问的那位女士听到这个答案后很生气，她没有做清理就回去了，于是我自己做了清理，结束了研讨会。

那位提问者后来还在周围一些人的面前批判了我，但我还是将此视为自己的责任，并做了清理，据说那个人后来也不再提起这件事了。

这个提问出现在我的研讨会上，那就是我的责任。对那位女士的提问，如果我没有做清理，她的子孙后代里就会有智力发展缓慢的孩子。

如果因为我没有做清理，她的子孙后代里真的出现了那样的孩子，那个责任是不是还必须由我来承担呢?

大家总认为是“神在考验我”，其实不是神在考验你，而是大家没有做好自己该做的事。

这种情况，印度人叫作卡鲁玛（Karma），中国或日本人好像是将其叫作“业”吧。

## 要时刻铭记，一切都百分之百是自己的责任

**人　见：**如果孩子一出生就有残障，当母亲的自然会感到十分痛苦，她会纠结是不是自己的责任。这种情况是不是也应该理解为这百分之百是自己的责任呢？

**修・蓝：**先不要那么想，在想之前坚持做清理就可以了。不管孩子的状态如何，只要母亲好好做清理，孩子就会靠他自己找到最适合他，也最正确的归属。

但如果父母不抛开对孩子的执念，那么孩子就会一直被困在母亲的意念里，找不到出路。

家里有残障孩子的母亲们，之所以总是责难自己，觉得是自己的责任，其实不是母亲自己，而是因为周围的人都是那么认为的。由于周围存在那样的看法，所以母亲们就背负着是自己责任的包袱。

但是，只要有个人好好地做了清理，那个包袱就会从母亲的身上移走。

我听说有一个患癫痫的男孩，医生诊断他大脑有问题，但那个孩子的奶奶一直坚持为他做清理。就那样，六年之后，那个男孩会读会写的字比高他两个年级的一般孩子还要多，并且游泳也很棒，说话也没有问题。

所以断言他是癫痫，其实是人们凭借自己潜意识中的记忆所下的判断。我们只要认真地做清理，一切都可以被清除。

无论是什么状态，都要将其当成是完美状态来进行清理。认识不到这一点的人就只能陷入“不完美”先入为主的误区了。但即使有先入为主的医生，一旦他达到零状态再去诊断患者，肯定也不会做出患者有病的诊断。

## 改善亲子关系的荷欧波诺波诺

**人　见：**您刚才讲的那些内容非常精彩。但在抚养孩子的过程中，传授知识、修养和使他达到零状态之间我感觉好像还存在着一些障碍。您觉得在抚养孩子这件事情上，怎么想才是正确的呢?

**修・蓝：**只要母亲是处在零状态，孩子就能自然而然地得到他所需的东西，直觉或闪念会自然降临，他自己也会去做该做的事情。但是，如果母亲总说“孩子就应该这样、就应该那样”，孩子就会被那些记忆封闭起来，无法自由地生活。

有一位女士来找我商量，说她很困惑，因为她儿子吸食大麻。

那位母亲如果一直处在“儿子吸大麻令我很苦恼”的状态中，孩子就会一直吸食大麻。但如果母亲抛开“儿子吸大麻令我很苦恼”的想法，孩子就会自动戒掉毒品。

母亲心里总是期盼“如果儿子能戒掉毒品就好了”，其实，只要她自己抛开这个想法就可以了。母亲放手了，儿子自然就会戒掉大麻。

**人　见：**孩子是母亲身上掉下来的肉，母亲不可避免地会对孩子抱有非常强烈的执念。但是随着孩子一点点长大，必须抛开试图控制孩子的念头。特别是在孩子青春期，通过各种各样的问题也能使母亲成长起来，对吧?

**修・蓝：**简单地说，孩子就是母亲一生的课题。

当母亲真正意识到这一点的时候，孩子作为孩子的使命就完成了。如果母亲明白孩子就是为了给自己出课题而存在，那她就达到了零状态。

对孩子，最好的办法是从怀孕之前就开始做清理。早早开始清理就能使孩子拥有最适合自己的灵魂，母亲生命中的天使才会出现。

如果生出来的孩子是母亲生命中的天使，他是不会给母亲带来麻烦的。但不是所有的孩子都是母亲的天使，大部分的孩子都会给母亲带来问题。为孩子的事情而烦恼的父母也不在少数。

如果教会孩子做清理的方法，父母就轻松很多，就能回归零状态。由于我女儿开始做清理，现在，我也感觉轻松多了。

父母做父母该做的清理，孩子做孩子该做的清理，彼此之间的关系自然会变得更好。女儿做了她的清理，结果我被依赖的感觉就减轻了很多。我们就越来越互不干涉了。

## 母亲自由了，孩子的自闭问题才会得以解决

**人　见：**据统计，日本患自闭症的孩子有 160 万人，他们躲在房间里不愿出门。在这种情况下，母亲也只要做清理就能解决吗？

**修·蓝：**一心想要解决自闭问题，不论母亲如何清理，这种现象本身都不会马上得到改观。

但是，只要母亲清理了自己，即使孩子闭门不出，母亲也不会太在意，孩子会自然地感受到母亲的变化而开始自主行动，去他自己该去的地方。看得到自由的母亲的身影，孩子也开始认识到要让自己更自由才好。

综上所述，荷欧波诺波诺不仅能给做清理者带来好运，也能给大家带来积极的影响。

**人　见：**人往往会出于某种目的干一件事，这种动机意识

是自私吗?

**修·蓝:**荷欧波诺波诺不考虑自私的存在。我要这样处理一件事的欲求，仅仅是一种记忆的重现。

只是在做清理的时候，不能带有我要处理这件事的动机，我们必须怀着单纯的心去做清理。因为做事的动机本身就是由记忆生发的。

我们的意识只能以两种状态存在，即接收到灵感的状态和被记忆左右的状态。

接收到灵感的状态也就是零状态。记忆会带来知识、知识会产生欲求，会驱使行为的发生，但接收灵感是不需要思考的，我们只要自发采取行动就可以了。

前面提到洞爷湖峰会的事，在峰会上提起讨论的所有内容其实全都是由记忆生发出来的问题。达不成共识是因为他们都想改变别人，而不想先让自己被改变。因此，我们要用荷欧波诺波诺改变自己，才能使世界早日变好。

## 建筑物、房间、动植物都有获得尊重的意识

**高　冈：**修·蓝先生，您告诉我们，建筑物等物品也可以自己做清理，具体来说到底怎么做呢？

**修·蓝：**这种时候，要满怀爱心和敬意地先询问建筑物。比如可以在心里面这样对它说："如果你乐意，这里有个清扫的方法能使你变纯净。可以的话，我想告诉你这个方法。"像这样先征求对方同意，如果它乐意并回答"请告诉我吧"，它就会达到仿佛被圣水全部清洗过一样的状态。

我刚才问了我们现在坐的这个房间，它说"希望来点鲜花，一点点就行"。它说它希望每天都来点鲜花，不用很多，一点就行。或许只是摆个盆栽就行。

**人　见：**不是剪来的鲜花也可以吗？

**修·蓝：**如果是盆栽，当它开始有点发蔫的时候你就问它一声"你是不是想说点什么呀"，当它生机勃勃的时候你再对它说一声"你在为我高兴是吗"，这样你自然就学会跟植物对

话了。

我总是嘴里说着“冰蓝”去触摸植物，这样做能消除悲伤和疼痛的记忆。因为植物为我把那些记忆清理掉，使我得到抚慰。

与做推拿或按摩治疗相比，植物能更简单地给我更好的治疗效果。它能够治疗我们人类触碰不到的部分。

有的植物还具有特异功能。

比如，百合，这种花能够清除对死的记忆。因此，比如因亲人去世而伤心悲痛，或是在害怕某人会死去而担心时，百合花能安抚人们这种对死亡的恐惧。

你想象对着百合花说“我要喝水”，然后喝下百合花上的露水，这样做就可以清除那些记忆。

植物能给我们带来这样的抚慰，而我们却割断了自己与植物的联系。

因此，在这个房间里摆放一些鲜花，对我们也是有好处的。

2008 年 3 月，我在大阪举行了荷欧波诺波诺研讨会，那个星期我还去了京都。时值樱花盛开，我觉得京都的人们是与“大自然”一起生息的。

保持与大自然的亲近关系非常重要。

如果种樱花很难，那就拍摄一些樱花的照片，只要把手放在照片上，就能接通自己与大自然的交流。

我想，养宠物的人不少，但是请大家注意，动物在很多地方与植物不同。

如果自己不洁净就去接触宠物会导致宠物生病，必须把自己清洁之后再去碰宠物。比如，你可以口中念诵“冰蓝”把自己调整到零状态之后再去碰宠物。

这种关系，不仅仅存在于人与动植物之间，像我刚才说过的，以建筑物为代表的所有一切都是有知觉的。

比如，有个人的车子总出故障。

这是因为那个车子的主人生病了，车子就背负了这个状态。在这种情况下，只要念诵“冰蓝”之后再坐上车子就可以了。由于主人什么都不说就坐上去了，所以车子身负疾病，也就表现为故障反复发生的状况了。

### 可以通过各种途径获得感恩的心

**高　冈：**我突然想起一件很久之前的事，我似乎意识到曾经的自己是个忘恩负义的人。那个我，不仅不感谢用爱心养育自己的人，甚至还肆意地谩骂他们。

当我想起这个情节的时候，自己的内心深处就涌出“请原谅”的歉意。“谢谢你为我付出了一切，你疼我爱我，我不知感谢反而谩骂，请你原谅我的行为！”而且，我想对所有与我有关的人说声“谢谢”，同时有了“希望与我相遇的所有人都幸福”的心愿。当时，我还不知道荷欧波诺波诺，但是在某种指引下，自己自然地就做了与荷欧波诺波诺相同的内心净化。

还有，在我 20 多岁的时候，我身体一直不好，一年到头总是感觉身子发沉。现在想来，可能就是我从前做了很多忘恩负义的事情，不知不觉中伤害了别人的缘故吧。但是从那次之后，我的身体又自然地健康起来，运气也好起来了。我想，可能是我自己在探索“怎样才能变得更幸福”的过程中，大量阅读各种书籍，并自然而然地开始做了类似于净化的事情。

**修·蓝：**你刚才说的情况，其中最棒的一点就是，不是在谁的指引下而是自己通过学习明白的。

人可以通过各种途径去摸索。有时会碰上好的引路人，有时碰不到。但每个人必定都能用适合的方法获得认知自己的机会。

在实行荷欧波诺波诺的同伴中，不存在什么会员身份这类东西。我们要传达的东西大家事先都已经领会了。大家已经知道该怎么做，这是我们传递信息的前提。

也有人以为参加了我们的研讨会就能得到一个好的答复，或是把它当成某种宗教来参加，但实际上我们做的完全不是那一类的事情。

参加进来的人与我们自己，都是发自内心又自然地想说谢谢。

高岗女士也是亲身经历过那样的事情吧。

感到身子发沉，换句话说就是负债的状态，那是灵魂的负债，即记忆的数量以重量的形式表现出来。因此，如果你感到身体发沉，就要想到那是灵魂的负债在增加，必须做清理。

## 让灵魂成长，重获自由

**人　见：**在我小时候，父母就离婚了，我一直是在单亲家庭里成长的。在我的少女时代，有过很多痛苦的经历。

我一直觉得妈妈很爱我，然而在我 20 岁的时候，妈妈却说“我不该生下你”。这话对我打击很大，我希望妈妈收回那句话，但她对我说“这是真话”。

妈妈为什么说那样伤害我的话，只有她自己知道，我十分迷惘，不知道这到底是怎么回事。

最亲近的人那样说，使我开始苦苦思索“我到底是什么”这样的问题。从 20 岁开始，我就一直在思索“我是谁？”这个问题。

那时我觉得自己活得很辛苦，有时候想自杀。然而内心的苦闷也给了我一个机会，它使我对灵性开始感兴趣。为了弄清“我到底是什么？”这个疑问，我做了很多尝试。20 多岁的时候，我想在传媒界试试身手，25 岁之后又想留在印度做精神方面的研究，等等。

了解荷欧波诺波诺之后，我首先想弄明白的就是我为什么必须原谅伤害过自己的妈妈，为什么必须对妈妈说“我爱你”。无论怎么努力，我心里都还是感觉自己“无法原谅”她。

因为妈妈抚养了我，“谢谢你”“感谢你”我能说出来，但是“对不起”这句话我无论如何都说不出来。

相反，我希望妈妈向我道歉，“对不起”是我想让妈妈说的话。“请原谅”也是我在懊恼之余，做了最大努力才说出口的。

**修·蓝：**其实“对不起”和“请原谅”不是要对你妈妈说的，那应该是你要对自己内心的那个自己说的。我们不是要对自己之外的人说这些话。

轻轻地拥抱内心疼痛的地方，说“请原谅”的目的就是为了让自己的灵魂成长。这些是为灵魂成长，为获得自由而说的话。

## 责难别人就会遮挡神性智慧之光

**修·蓝：**人见女士的经历并不稀奇。我在很多地方听到过这种情况。

但是，因为觉得妈妈伤害了自己就责难妈妈，那么记忆就会把你封锁起来，也就是说，因潜意识中的记忆，你自己阻挡了来自神性智慧和超意识的光芒。对妈妈生气，就如同面对投射过来的无限光芒，你却拉下百叶窗一样。

这种时候，通过清理自己对妈妈的看法，就不会抗逆神性智慧了。只要抛开这种想法去清除记忆，就能自然而然地得到灵感了。

这么做不是为你妈妈，而是为你自己。

我也对那些无法爱自己孩子的父母做过很多研究。并不是身为父母，就理所当然要爱孩子。但那是没有办法的事情，为什么呢？因为爱孩子的人也是在被意识操纵。

只是，抛开意念就能开悟。这些烦恼和问题其实带给我们的是开悟的机会。有问题，就意味着自己会被记忆封锁，抛开愤怒、抵触、阴暗，就能有神一般的体验，不过那的确是很难做到的事情。

你的记忆以针对妈妈的形式出现，实际上这其中还掺杂了男性对女性的暴力、虐待等各种过去的记忆，是各种记忆错综交织的结果。

现在，人见女士给我们讲了这个情况，大家就可以一起分担这个问题，把它清理掉。人见女士代表大家讲出了上百万的问题中的一个，这也让大家轻松了许多。

另外，有慢性头疼病的人，有时候会有家世方面的问题。但是，只要做清理，就能找到自己该做的事情。

大家在某些方面，往往都会有没得到父母的爱、没得到合适的待遇之类的感受。

孩子原本有着非常可贵的可塑性，但是由于各种记忆而被推入家庭、学校等苑囿中，不能自在成长。并且家庭、学校、地区、社会无一不存在问题，这些记忆会相互交汇。

人见女士现在戴着一条钻石项链吧。只要摸摸那颗钻石，在跟妈妈的关系的问题上你就会轻松很多。

因为是神性智慧给了你那颗钻石，钻石被切割过了，过去陈旧的记忆也被切割掉了。不过，并不是所有人抚摸钻石都会有这样的效果。

但只要人见女士摸一下钻石，周围的人也都能得到清理。

### 女性被压抑的记忆会以乳腺癌的形式被表现出来

**人　见：**修·蓝先生说“今后是女性大放光彩的时代”，为什么是这样呢?

**修·蓝：**我已经听出了你刚提的那个问题的真正意思，你问话深处所隐藏的真正意图，也许你本人还没有发觉，其实是想知道“女性如何能够获得真正的自由”？

无论是什么生物，都希望拥有自由。为什么想要自由呢?因为自由之中才有彻悟。

在人类漫长的历史中，男性一直都没有承认女性的尊严，这是一种大男子主义的想法，他们认为“女人只要默默顺从就可以了”。因为男女在收入方面有很大差距，女性通常会被家务劳动、养儿育女占去大量时间。在这种男性占优势的历史中，男性一直将女性视为自己的所有物。

但是，我们不能忘记，正因为女性默默承担着家务、养儿育女、照顾老人等需要忍耐的工作，世界才得以维持。其实，在时代变迁、历史发生大动荡的时期，这些变迁与动荡的背后，都必定有女性的存在。

比如，在希腊神话里，赫拉、雅典娜、阿佛洛狄忒之间的斗争就引发了战争。我想在人类历史上也是如此，即使在正面舞台上没有露面，一些历史性大事件、大变动的幕后，总有女性以这样或那样的方式卷入其中。

实际上，女性是握有实权的。表面上看起来她们是附属于男性，实质上，世界却玩转在女性手中。甚至可以说，支配这个世界的或许实际上正是女性。

男性应该更多的感谢女性、感谢女性的功劳。然而，从前的女性大多受到的都是如同保姆一般的待遇。

有一位夏威夷男士，我每周给他做一次咨询。

他拥有好几家公司，有一次有个问题，无论他跟哪个高管商量都无法解决。那时，他的一个熟人告诉他，“有位女士能够解决那个问题”，但他并没有听进那句话。

问题未解决，公司的业绩急剧下降。他本不想有求于女人，但是办法都用尽了，最后他只好决定给那位女士打电话。打过电话之后，那位女士来到他的公司，仅用五分钟把事情交代好之后就离开了。

他公司里优秀的高管都解决不了的问题，那位女士仅仅用五分钟就解决了。

因为关系到我客户的隐私，所以那位女士到底说了些什么我不便跟大家说，只是我的那个客户无奈之下录用了那位女士，而且还把一个部门完全交给了她。结果那个部门的业绩是他公司其他所有部门业绩之和的四到五倍。

综上所述，如果我们更大程度地解放女性、采纳她们的意见，就能得到非同一般的结果。

但事实上，能让女性充分展现自身尊严、发挥自身能力的机会很少。所以有时候，她们的怨怼就会转化成乳腺癌的形式表现出来。女性患乳腺癌的原因，很多都是怨怼的记忆所致。还有，女性的怨怼在男性身上会以前列腺癌的形式表现出来。男性的前列腺癌，很多时候都源于女性怨怼的记忆。

综上所述，不尊重女性尊严，只把她们当成泄欲的对象或是所有物的想法，会致使这个世界的男人女人都得不到幸福。

在日本这种地震多发的国家，因为日本女性记忆里的怨怼特别多，怨怼就会化为大地的摇晃表现出来。只要尊敬女性，用爱去对待她们，更加尊重她们的尊严，相信连地震也会减少。

## 家庭暴力与战争都是自己的问题，只需清理就好

**高　冈：**家庭、职场、地区、国家、世界还有地球环境，包括我自己，各有各的问题。

坐电车上下班途中，我能看到很多房子。住在里面的人们有笑、有哭、有喜悦、有痛苦，他们生活中可能充满酸甜苦辣各种滋味。我还听说在非洲有很多人因饥饿而丧生，有的地方还经常发生严刑逼供的事情。

一想到这些因饥渴、虐待，以及暴力所带来的肉体上的痛苦，我就有一种被大山压顶的感觉，对无能为力的现状感到绝望。

**修·蓝：**你现在感觉到的都是你曾经体验过的。有那种感觉，说明你自己曾经亲身体验过那样的事情。没有经历过的事情，你是感觉不到的。

那样的记忆积存在你的潜意识里。如果不清除这些记忆，同样的事情就可能会反复发生。

绝望的感觉我能理解，我也有那种感觉。

我应该做的就是清理，就是使自己达到零状态。

近年，我在全世界巡回演讲，推广荷欧波诺波诺，在与各种人的相遇中，切身感受到很多人都开始意识到这一点。那些人因为记住了清理的方法并付诸实践，他们有了希望，知道自己不是孤单的一个人。

**高　冈：**我感到最痛心的事情之一就是孩子遭受虐待和暴力。每次看到那样的新闻或是碰上那样的场面，我都非常痛苦。我总是在想，要是有一天，包括所有的拷打、所有的虐待、为了器官买卖而杀害儿童的所有暴力，都能从这个世界消失就好了。

荷欧波诺波诺强调要专心地对自己的内心不停地说："谢谢你！对不起！请原谅！我爱你！"，真的只要这么做就可以了吗？

**修·蓝：**只要自己经常做清理，你就不会再碰上那种场面。

害怕虐待、拷问等暴力的记忆一经清理，被暴力所困扰的记忆就会淡化，遭受暴力的孩子们、大人们最终才能获得自由。

之所以发生虐待、暴力，就是因为有那样的记忆。由于那些记忆重现，于是虐待或暴力就发生了。因此，只要清除了那些记忆，事情就不会再发生。

有的人会庆幸自己跟虐待、暴力无缘，但潜意识里的记忆是意识中出现的记忆的一百万倍，所以即便你自己没有觉察到，但实际上也在受着它的影响。

而且，你无从知道那种记忆什么时候会影响你。

刚才问到了这个问题，所以我把那类记忆清理干净了。如此坚持不懈地做清理，很多人都能从暴力中解脱出来。

### 如何消除数千年来女性对男性的怨恨记忆

**高　冈：**说起来很难为情，在我家，我丈夫多年来总把那些粗俗不堪的脏话挂在嘴边。现在我的心态从容了许多，但是直到一年或半年前，我都曾忍无可忍，有时候甚至对他恨之入骨。

自从知道荷欧波诺波诺之后，我尝试过几次，不知道是做法不对还是做得不够多，状况一直没有改观。

我想请教您，暂时没有看到效果是不是还应该坚持继续？是因为我的记忆太根深蒂固了吗？有什么办法能让我坚持做下去呢？

**修・蓝：**刚才的话，我们大家边听边清理吧。为什么呢？因为刚才的话是关系到我们每个人的问题。

你丈夫应该也曾努力地想改正这一点，但是他不能自已。因为他内部有了那样一个程序，他说脏话不是出于他的本意，而是因为爆粗口已经根植于他记忆里了。

这本书最想传达给大家的一个观点就是，某个人的问题不仅仅是他个人的，也是所有人的问题。我想告诉大家，不要去定义“这是某某的问题”，而是要认识到大家是一个整体。这个理念要是传播开了，那我们就能向前迈进一大步了。

夫妻之间的问题，如果你认为“那是他／她个人的问题”，那就不会有任何变化，因为这些记忆已经延续了数千年。

有一个希腊俗语叫作“快刀斩乱麻”，亚历山大大帝曾用剑砍断一个死结，据说解开这个结就可以当亚洲之王。那个结非常的牢固复杂，在亚历山大大帝出现之前，谁都没有解开。

就像这句话一样，男女之间也存在着一些非常复杂又持续纠缠在一起的问题。

请准备一支带橡皮的铅笔。

用这支铅笔在纸上一圈圈地画圆，没必要一定画得很圆，只要连续一圈一圈地画就可以。然后，再用铅笔头上的橡皮去擦掉它们。

潜意识如同这支铅笔所画的线条，用铅笔头上的小橡皮去擦这些线，很难全部擦干净。不过，即使不能全部擦掉，只要把线从中擦断就可以了。

我们潜意识中的记忆，和这些用铅笔画出来的一圈一圈缠在一起的圆是一样的，不能一下子全部消除，但每当你有意识地说“谢谢你！对不起！请原谅！我爱你！”，来自神性智慧的光芒就会一点点地把记忆清除掉。

表面上似乎没有什么变化，但是在你潜意识中的变化却很大。之所以你感觉不到，是因为意识只能感知潜意识的一百万分之一。

所以，每当我们嘴里说出那四句话，就有一小部分记忆会得到清理，但这不会让人感觉记忆一下子都消失了。女性对男性的怨恨，是非常根深蒂固的。我在这本书里已经说明过了，乳腺癌也是如此。但每当你嘴里念诵那些话，确确实实能够对这些记忆进行清理。

## 一切都从抚慰自己的内在小孩开始

**高　冈：**产生愤怒、憎恨、嫉妒等情绪时，也只要对那些情绪说“谢谢你”“我爱你”就行吗？

比如，醋意大发时，是不是说“醋劲儿，谢谢你！我爱你！”就可以呢？

**修·蓝：**基督教告诉大家“请爱你的敌人”。换句话说，就是请你爱上醋意、嫉妒。所以，有这种情绪的时候，你只要说“我爱你”就可以了。

不过，我个人会用稍微不同的方法来处理。

比如，产生愤怒情绪时，我会凝视自己，看清那个愤怒到底是什么，而且我会这样对自己的内在小孩说：“我不知道自己为什么因这些事情而痛苦，还是放手吧，我爱你！”

每当产生这些情绪时，最为痛苦的是内在小孩。所以我们首先要对他说：“我一直跟你在一起，我们一起努力吧。”如果发生了自己事先没有觉察到的事情，即使不明就里我也会请求内在小孩放手。

**高　冈：**修·蓝先生经常在心里跟自己对话是吗？您还会问候建筑物吗？您不是自顾自地说，而肯定是主动跟对方搭话，然后认真倾听对方答复，是这样的吗？

**修·蓝：**没错！哪怕是受邀去某个地方，如果没有征得建筑物和场地的同意，事情就不会顺利。

受到邀请的时候，我总是先问清楚地址，确认好要见什么人，场地是什么样的房间，然后提前做好清理再去造访。

并且，到了那个地方之后，我会先问候建筑物并征得它的同意。

凡事如果不先做清理，那么各人潜意识中的不同记忆就会都混进来形成对立，最后事情是谈不成功的。有时，表面上看大家似乎意见一致，而实际上在潜意识里有冲突的情况很常见。

大家意见一致了，实际要开始行动时却又出问题，这种情况就是因为当初在潜意识层面上尚未达成共识的缘故。

**高　冈：**在公司里开会也一样吗？

是事先想起成员的名字并问他们："可以让我给你们做清理吗？"征得同意后就开始做清理，是这样吗？

**修・蓝：**最重要的是公司自身必须是洁净的状态。如果对象是事物或人也都一样。

在彻底洁净的状态下去参加会议，自己就能像透明人一样，眼里没有建筑物，没有其他的人，没有欲求，也没有记忆。在零状态下，所有一切都会像家人一样合为一体。

### 不必全心全意，只需在心中反复念诵

**高　冈：**我在实践荷欧波诺波诺时，碰到的障碍就是，我很难坦然地说出那些话。光是形式性地念那些没有实感的话，这样的做法会不会有人抵触啊？

**修·蓝：**这种想法我非常理解。

其实，哪怕不是发自内心地说“我爱你”“谢谢你”也可以。

相同的问题在洛杉矶举办研讨会时也常被问到。洛杉矶是个娱乐业发达的城市，演员很多。学员经常问我：“做清理的时候是不是必须饱含感情呢？”其实，没那个必要。

“请爱你的敌人”，这里的爱，不是要求你一开始就发自内心地爱，而是首先接受，然后再爱。所以，只要能用语言说出来就可以了。

大家在电脑上按“删除”键时，没有人是饱含情感去按的。所以，就像按删除键一样，仅仅按一下键就是了。只要在心里反复念诵那些话就可以了。

**高　冈：**做了就行！这是重点，是吧？

**修・蓝：**问题总是在你还没察觉到的时候就消失了，若干年后也许会变成模糊的印象，你只能隐约感觉到似乎有过那么一回事。

我祖母在阿根廷，她的尾椎骨出了问题，听医生说她必须做手术。听到那个消息后我一直做清理，还寄给她一个蓝色瓶子。

据说我祖母直到现在还坚持喝蓝色太阳水。她自己也记不清从什么时候开始尾椎骨不再疼了，效果是在无形中显现的。

如果我是高冈女士，我就会首先清理自己的焦躁情绪，同时清理自己的期待。必须清理自己那个“做过清理，丈夫就会变好”的期待。

请你试一试这个清理方法：

把产生在自己内心的那些原因有意识地从自己的灵魂和肉体上全都抛开，想象自己把这些东西从马桶里冲走。请你想象马桶的冲水阀不是用手按而是用脚踩的那种。

想象把自己身上不需要的东西全部用水冲刷掉，反复用脚踩冲水阀，好让水一直冲刷。

在电脑的桌面上有“回收站”图标，为了更彻底地删除存积在回收站里的东西，我们必须再进行一步名为“清空”的操作。与此同理，把如同垃圾般的记忆再一次从马桶里冲走。

一天清空电脑回收站一次，或想到了就清空一下就行。但是潜意识的清理必须坚持不懈地进行。

然而，在工作过程中如果无法做清理，那你只要教会自己的内在小孩去清理就可以了，让他把潜意识中自己没有觉察到的东西一并清除。点击电脑桌面上的回收站，点击“清空回收站”的操作也要教给他。

像这样在潜意识中设定了清除的程序，记忆就会自动地被消除。

# 附录体验谈：

# 用荷欧波诺波诺开启幸福之门

## 体验谈七

### 从不幸的深渊到幸福的顶点

格罗夏威夷社长 欧莉萝·帕·费伊斯·奥嘉娃

如果有人问我，15 年前我的人生状况如何，可能我的回答是：满身压力，满心愤怒、失望、恐惧！当时我经常为钱犯愁，维持生计都有困难。我是单亲妈妈，独自一人抚养儿子，常常抱有自杀的念头。

当 16 年的单亲妈妈，并不是件容易的事。那时候我迷失了自己，心中经常纠缠着悲伤、不安、失望等负面情绪。

我想那时候的自己是处于一种昏睡的状态。现在回想起来，那一切都很清楚。那时候的我，总是从积存的记忆中挑出很多有害的情绪，把它们重现在现实中。

那时，我体会不到儿子的存在以及与儿子共处的乐趣。

每天早晨一睁眼，我就唉声叹气，脑子里总浮现出“唉，痛苦连连的一天又开始了”的哀叹。

就是从那个时候开始，我想终结自己的人生。是吃安眠药，还是失踪以便不让儿子发现我的尸体呢？我反复思考怎样才能安静地了结自己。

有时，我虚弱得连起床都困难的时候，曾向朋友坦白自己想死。大家都鼓励我活下去，但是我并没有改变主意。我想请医生帮忙，于是就去医院。

医生给我开了抗抑郁的处方。然而，在我去药房等着取药的空当，不知为什么竟然碰到好几个熟人。

最先碰到的是我手下一位员工的母亲，她把我好好地夸奖了一番。

“我儿子说，在他至今服务过的经理中，您是最优秀的。”我一点都不觉得自己出色。我装作很高兴，实际却很沮丧，她那样表扬我，我一点都不觉得高兴。

接着，又有一个熟人路过并温和地和我打招呼。他们简直就像天使化作了人来守护我不让我做傻事一样。

在药房，我碰到了第三个熟人。她拄着步行器走过来，问我：“你还好吗？”

我平时都尽量回答人家“我很好”，但那次，我盯着她回答说：“我想自杀。”

她愣了一下，然后语气强硬地对我说：“怎么能这么想呢！求求你不要那么做。我弟弟两年前自杀了，两年过去了，我还没有走出弟弟去世的阴影呢。”

而且她还邀请我说：“我有一个请求，请把你儿子带来我家，今晚我们共进晚餐。我请你们吃一顿非常好吃并且还能给你力量的大餐。”

我没有食欲，也不想麻烦人家，于是拒绝了她。但她再三坚持要我一定去，最后也只好依了她，我和儿子一起去她家享用了一顿丰盛的晚餐。

回到家里，我拿出抗抑郁药，看说明书上有关副作用的注意事项。我感觉好像有什么在告诉自己别吃药。接着，我脑子里浮现出一个念头：必须把自己想死的想法告诉当时只有九岁的儿子。

当我说出自己想自杀的打算时，儿子是这么说的：“妈妈，求求你，不要那么做。”

我问：“为什么？”

儿子说：“因为如果妈妈那么做的话，我会很伤心，也会很生气。”

“就把这个自杀的想法交给我去扔掉吧，”儿子镇静地回答道。

那一瞬间，我突然醒悟了。我陷入抑郁太深，连儿子也有感情这一点都忽略了。

自此，我下定决心要活下去。但之后数年，我依然很迷茫。有一天，我听说了荷欧波诺波诺大我意识法的训练课程，我感觉自己内心有什么东西提醒我要去参加。

那个训练跟我之前接受过的训练完全不一样。我以前也读过很多自我启发方面的书籍，试图寻找幸福。但没有什么比那一天接受的训练内容更让我印象深刻的了。

不过，接受训练的时候，一对夫妇对我的态度令我心情不悦，因为他们总在躲避我。

我很苦恼，不知道自己到底做了什么惹得人家厌烦。后来我才知道，之所以跟那对夫妇碰到一起，是因为我们都要做同一个练习，那就是列举自己所有的问题和不幸遭遇。

于是，我明白有些人很难接受这种训练。我静静地坐着，试图把所学的东西都消化吸收。不知为什么，我对这种训练有种亲近感。我不会失去什么，我只要做了就可以。

几周后我接到一个电话，是那对夫妇打来的。他们说：“那天，我们对您很不礼貌，对不起。没有任何缘由，我们就那么失礼，请您原谅！”

夫妇俩给我打来电话这件事令我很惊讶。也就在这个时候，我开始真正理解荷欧波诺波诺了。

在每天坚持做荷欧波诺波诺的期间，我感觉自己周围的状况都在好转。

当时儿子十几岁，作为母亲，我认为自己很清楚什么对他是最好的。在接受训练之前，我常对儿子说："我走过的路比你多，什么对你是好的，妈妈最清楚。"但是，通过荷欧波诺波诺的训练，我学会了尊重孩子的自主性。每个人心中都有一个内在小孩。我儿子有我儿子的自我意识，他的内心有他自己描绘的对未来的规划。荷欧波诺波诺还教会我如何跟自己的内在小孩相处，以及如何消除自己心里已经陈腐的记忆。

我逐渐不再指手画脚地给儿子建议，只是一门心思专注于自己的清理。

现在，儿子自己也能做得很好了。这是因为他母亲，也就是我，不再阻碍他走向他该走的路，让他跟他的内在小孩和谐共处的结果。

只要做清理，我心情就会越来越好，还产生了当厨师的念头。以前我总是抱怨站着烹饪几个小时太辛苦，现在重新体会到了烹饪的快乐。

创新的点子不断涌现，我成功成为一名私人厨师。

有些美国著名的商业杂志《财富》中的500强企业的管理者，名列“福布斯榜”的富翁都曾是我的客户。人们经常问我怎么能招来这些客户，其实我只是做了清理。

大部分的餐馆和厨师都备有菜单，而我没有菜单。我是通过冥想，根据不同客户、不同活动的性质创作出各不相同的菜品。有的顾客甚至来到烹调间，流着眼泪说吃我做的菜有抚慰心灵的功效。

多亏了荷欧波诺波诺，让我现在作为厨师、企业家、饮食作家、食品公司老板都很成功。

最近，有个食品公司发邮件给我，说因为很喜欢格罗夏威夷的产品，他们有在本国以及全世界销售我们产品的意向。如今这样令人诧异的喜事很多。

但我并不想拼命地扩大生意。我觉得事情应该是在圆满、适当的时候发生。

关于荷欧波诺波诺，我知道它的净化方法非常有效。它还能带给我们长时间工作所需的耐力。

同时，能一起愉快工作的人才也聚集到了我身边。我只要清理自己，大家就会像一家人一样非常愉快地工作。

# 体验谈八

## 孩子们就如同神的样子

麦阿丽柯拉

我开始做荷欧波诺波诺已经九年了。我有七个孩子，我想与大家分享的是，在荷欧波诺波诺的清理方法的帮助下，抚养孩子会变得多么轻松。

刚开始荷欧波诺波诺不久，有一回，八岁的一对双胞胎开始吵架，当时我做了清理。

在那之前，为了阻止他们吵架我想尽了办法。跟两个人谈话、把他们隔离开、关起来惩罚、给奖赏、向他们发怒，等等，各种尝试我都做过。但是荷欧波诺波诺大我意识法的方法最简单，只要找个安静的地方坐下来做清理就行。

做了几次清理后，那对双胞胎吵架的次数少了，而且我也不再为他俩吵架感到烦躁了。并且他们俩还对我说:“妈妈,你别管了,我们自己解决。”我真的任由他们,自己回去做清理。不知什么时候,他们俩真的就解决好了。

有一次,一个朋友对我说:“作为父母我该怎么做,最初的第一步我就不知道。”

这句话在我心里引起了不小的震动,因为我也有同感,简直就想附和着说:“可不是嘛。”

事实是,那时我也不知道该怎么抚养孩子、怎样对待孩子。如果父母还没弄明白如何重视自己、如何让自己成长,他们就不会知道自己该如何抚养孩子。

如果珍惜自己、保护自己,那么如何疼爱孩子、保护孩子你不用考虑就可以做得到,而且孩子们也会越来越乖。

这与夏威夷人推荐的做法——首先从清理自己开始,然后再清理自己与伙伴的关系,接着清理自己与孩子们的关系以及其他的一切——如出一辙。

如果你忘了这样的顺序,就会常出问题。

我的一个儿子画了一张明信片大小的漂亮的水彩画。那张画我最喜欢的地方是，孩子们的面部没有被画出来。看到这些没有画出五官的面部，让我明白一个道理：孩子们不论现在还是将来，他们的人生都不是我能决定的。

我的愿望是守护我的孩子们，就像神守护众生那样。我想把他们每个人都看作是完美无缺的存在。

关于父母应尽的职责这件事，有各种观点。有的说，作为父母，应该把孩子放进规则里，修正引导他，给他定好方向。我有时候也想给孩子们提建议，也认为自己知道什么对孩子最好。

但现在我认识到那样的想法是大错特错的。因为无论我往哪个方向引导，这件事都不是我该做的。

“作为父母，我该做什么呢？”当我心里这样琢磨时，我该做什么呢？

在我感觉到孩子们有什么情况需要考虑时，我通常采取的方法是首先正视自己的内心，寻找到“我该如何做”的答案。我在做出某个行动，为孩子们做点什么之前，都要先清理自己。

这不是一件容易的事情，但是在反复的过程中我就看到了效果。

比如最近，大儿子因为跟女朋友的关系很心烦。儿子看起来很忧郁。这种时候，我总是情不自禁地想问他：“你怎么了？”但是一做清理，听到的声音却是“你自己要正视你的内心”。

于是我正视自己，结果出现了很多有关我自己人际关系的情况，我又一次体验了高中、大学时代，由于抑郁而苦恼的经历。我依旧正视着自己的内心继续努力清理，直到得到跟儿子说话是好还是不好的灵感为止。持续了六周之后，我邀请儿子共进午餐。

儿子告诉我很多事情，包括他跟女朋友的关系有什么问题、担忧，考虑分手又可惜这几年的感情白费，时而感觉女朋友怎样都无所谓，等等。那时，我只是默默地清理自己。

最后，儿子抱着我说“谢谢妈妈的款待”，然后就离开了。

后来，儿子打来了电话，说他吃完午饭后就去找女朋友了。不可思议的是，他女朋友也改变了之前的交往态度，只想跟他做普通朋友。儿子说，那是他人生中最不纠结的一次分手。

另外一个儿子在高中练田径项目——掷铁饼。他的教练告诉他，抛掷铁饼最科学的方法是让心脏来主导，要把肩膀慢慢往后抻，以心脏为轴转动铁饼。如果能够精确掌握这些要领，就能以非常快的速度让铁饼飞很远。

我试着做清理，结果发现我的身体是由其他部分在主导。我原以为是要转动头部然后再按自己的感觉去做，由身体控制铁饼前进。我终于明白了自己的问题：因为记忆先行出现，我就死抱着记忆执拗地坚持应该如此。

陪着儿子，每当他练习的时候我就做清理，最终我能够抛开原先的想法，让爱来主导我自己了。

而且我也明白效能父母训练（注：P.E.T，由美国著名心理学家托马斯·戈登创立。这是一种向父母传授与孩子有效沟通的技巧，并循序渐进地提出建议，以解决家庭冲突的父母训练课程）需要与丈夫一起努力，我们俩人站在同一立场很重要。

有时候，我还会大发雷霆，执拗地认为“我是正确的！我绝对是正确的！”但是一做清理，我才明白自己跟丈夫似乎也是站在相同立场的。“到底谁是正确的”这个疑问也变得更加柔和，脑子里出现两个都对的答案。

我感谢这个方法，通过这个方法我获得了内心的宁静，放弃了效能父母训练。

看着画有七个孩子的画，我再一次认识到，给脸部什么都没有画的空白处添笔不是我该做的，我要做的只有正视自己。只要我这么做，孩子们准行！他们的脸不是平板的，而是完美的，就如同神的样子。

# 体验谈九

## 充满希望的简单方法

绿色光子法人代表　佐仓直海

在2007年春天，我见到一对久未谋面的夫妇。

见面地点是“和平省计划”会场，“和平省计划”是一个为争取在本国建立和平省而积极开展活动的团体，它的目的不是依靠暴力，而是依靠“创造性对话”来解决从战争到家庭暴力的所有“斗争”，建立一个提出并推进这种方法的政府机构——“和平省”，同时培养和推广“和平省”的根本理念“和平与文化”，因为和平要“来自于和平之心”。

我和担任代表的同伴筑地由美一起，分享了森田玄先生讲的他在美国参加的一个叫“荷欧波诺波诺”的论坛的事，森田先生是从事环境、和平活动的人士。

“谢谢你！对不起！请原谅！我爱你！”——据说就凭这么几句话，世界就能变好！

通过邮件，我第一次知道荷欧波诺波诺时就被强烈吸引，也是因为那对夫妇，他们对放手这种观念赞不绝口。那对夫妇在争取和平的活动中投入了无限的热情。

自2000年8月去英国格拉斯顿伯里以来，我就开始参与各种和平活动，但是我也看到，就连和平活动中，仍然不乏你争我斗。

“热爱和平的和平人”的内心有“伤痛”，大概是争斗的原因吧。

那种“痛”是加入和平活动的动力，同时也会成为争斗的根源，这是人与人之间的两难抉择……

像那对夫妇那样亲力亲为地全程筹办诸多和平活动的人们，恐怕目睹过无数这样的事例。而且他们是活动的主办人，对活动负有责任，想必他们最亲近的家人很多时候也要承受很大压力。

我跟那对夫妇是久别重逢，听他俩讲荷欧波诺波诺，我感觉他们夫妇之间有种静寂，什么地方在发生巨大变化。如果那就是做荷欧波诺波诺的效果的话，那它肯定具备改变世界的能力。

那时候，也正值我自己开始切身体会到一切的起点都在自己内心的时刻，内心是可以创造出绝对静寂（平安）的。是的，那肯定没错。但是，要怎么做呢?

当时的我还有很多迷惑，有很严重的身体和心理问题。

“为什么这些惨痛的麻烦没完没了地袭击我呢？”我自己找不到出路。

家里发生巨大变故、自己没有进步的强烈刺痛使我常常失眠，思维一直处于低空飞行的状态，工作停滞不前、陷入僵局。与同甘共苦的工作伙伴，连工作上必要的沟通也做不好。

事情要从 2001 年 1 月说起。当时我遇到一群志同道合的伙伴，我们决定制作“没有战斗，也没有杀戮的游戏”。后来跟出资方联手，用半年时间成立了制作公司。我虽然有十几年的厂商产品企划和广告制作部门主管的经验，但是在游戏领域却是个门外汉。

在公司成立之初，我没有进入管理层，而是一手承担了网页制作任务，一边搞新创意、做企划，另外还要编写没有先例可参考的环境游戏设计方案。每天忙于广告文案、电影剧本、艺术品收藏、小型作品制作的谈判等，我一步步向前迈进。

总之，在新公司不努力争先是不行的。不到一年时间，第一批投入的资金就见底了，全体人员都接到了解雇通知。

但是，在那之后，所有人都不要工资坚持奋斗，到 2003 年 3 月发布了“节奏森林（Rhythm Forest）”，玩游戏植树造林这个世界首创的尝试成功了。

我们去拜访共同承办国际合作的奥伊斯卡、富士通、尼夫提网站，最终与他们成功合作。但是，如果当时他们知道我们是处于全员无薪的经营状态，肯定连合同都不会跟我们签，现在想起这些，我仍然是一手冷汗。

往好了说，这样没有老板的牧歌式企业氛围很有吸引力，仅凭优秀的创业者，整个团队自发的拼搏就是一笔宝贵财产。

后来，世界首创的手机版植树造林“生态音乐游戏”等，在话题内容提供、信息发布等方面不断积累，借助外部智囊奠定了基础。2005 年，团队彻夜闭关工作，把“植树造林根据地”做成了卫星图像软件，制作出“植树据点”游戏的宣传版，上载到谷歌地球上。同时，正好赶上在“爱·地球博览会”上发表的同款软件在本国开始免费推广，这成为 IT 界一条具有划时代意义的新闻，记录了“用手机就能定位卫星图像”的起步。

2006 年 2 月，谷歌美国总部的谷歌地球创始人迈克尔·琼斯先生来这里参加研讨会，他看了“植树据点”项目的推介视频后，高兴地握住我们的手。他说：“就是这样的计划成就了谷歌地球。我们会出力的！”

这帮了我们很大的忙。

同年春天，我们跟东京地球日活动（注：Earth Day Tokyo）团体合作，启动了连续三年观测气候变化的项目和观测樱花前线的“樱花贴图”。

人们对环境的关注度提高了，但是离洞爷湖峰会的召开还有两年。我的工作搭档是能力非凡的IT领军人物，但他是个对环境并不关心的媒体艺术家。我只好一个人去拜访像旺加里·马塔伊女士那样的“热爱地球的伙伴们”，以及一些同意给“美丽地球的风景”投稿的专业摄影师。

我们收到一些企业的介绍，但在跟他们接触后，反应却不怎么好，这是2007年初夏，人们开始一窝蜂似地关注环境问题。另外，从2005年开始的家庭变故以及到处碰壁的状况，都使我感觉无路可走，身心疲惫。

荷欧波诺波诺、那对夫妇的变化迹象，让我看到了一个光明的突破口。

“你最好见见修·蓝博士。真的很棒！”森田玄先生的这句话让我有种内心将会获得安宁的预感，同时也给了我强大的推动力。

2007年11月，我参加了博士来这里举办的第一次论坛。论坛为期两天，通过它我学到的是让生活充满希望的简单方法。

我一点都没预料到自己会收获如此大的礼物。我像口头禅一样地反复说着“谢谢你！对不起！”

“是吗？原来是自己的责任啊！”我明白了。原来如此！

我与“和平省计划”的同仁一起在一年前加入“2008年G8峰会NGO论坛”，给洞爷湖峰会提建议。最后，我到首相官邸参加会见，把“100万人献言活动”中收集到的71万人的建议提交给了峰会主席，“植树据点”项目也被定为下一个发展项目。

2008年是全球都在发生巨大变化的一年，“地球”是人类共有家园的主题变得深入人心。同年，荷欧波诺波诺在这里的演讲会也得到各方协助，我们连续承办几次都盛况空前！我深切地感受到博士给予参加者的奇迹般的影响。现在我正忙于写书，而且已经确定年内就要出版了。

# 体验谈十

## 自己的心即是“故乡”

凯萨琳米琪

我还在巴西时，就从几位恩师那里知道了修·蓝博士用爱、感谢、原谅治愈了夏威夷精神病院患者的故事，我自己也把修·蓝博士和乔·维泰利博士写的《零极限》读完了。后来，在我搜索荷欧波诺波诺的网页时，看到了登在网页上的修·蓝博士在日本做演讲的报告。

一切都发生在短短的一个月之内，偶然的事情屡屡出现，我感到很不可思议。通过日本的荷欧波诺波诺负责人平良贝蒂女士的帮助，2007 年 11 月，我有幸参加了荷欧波诺波诺的学习班。

从第一次见到修·蓝博士开始，我就对博士的谦虚和直率钦佩不已。特别是了解到荷欧波诺波诺的理念是通过对自己经历的事情负起责任，来使自身得到净化时，我感觉之前的紧张情绪都得到放松了。

因为我从小的时候就经常问一些关于肉眼看不到的事物的事，给父母、老师带来很多麻烦。

我从小就对很多宗教、思想感兴趣，别人刚回答完上一个问题，我又接连抛出很多其他问题。每当疑问增加，我就很混乱，情绪就变得很激动。

因为我无法在行动之前先冷静思考，所以总是伤害自己，给周围的人也带来很多麻烦。在猛然意识到自己行为不妥时我会大哭，不断地责怪别人、责怪自己，最终受到负罪感的折磨。就在这种混乱生活持续的过程中，我逐渐失去了继续活下去的勇气，满脑子都是从这个世界消失的念头。

那时候，我知道人无论死多少次都会投胎转世，所以逃避人生是没有用的，于是我开始寻找净化自己的方法。而且每当我接触那些出色的导师、书和艺术时，就会得到继续活

下去的力量。

然而，我的弟弟突然去世了，我们全家人都沉浸在割舍不断的思念中。我和大家一起不断念诵爱、感谢、原谅，结果我和我的家人在精神和身体上都得到了极大的安慰。

过了不久，我得到了去父母的祖国留学的机会。因为要独自一人在东京生活，我非常舍不得敬爱的师长、朋友和在巴西的艺术活动，结果身体、精神都严重衰弱。

幸运的是，我参加了荷欧波诺波诺的学习班，得以把自己以前感受到的问题、经验、罪恶感都清理掉。

以前我一直以为自己的精神压力和抑郁情绪是因为自然环境不好，或是因为生活在大城市的缘故，但在我坚持做清理的过程中，我开始感觉东京的生活非常有吸引力，每次走在街上都有不可名状的幸福感。

并且，也因为清理的缘故，我考上了大家都觉得很难考的美术大学，在非常漂亮的地方和喜欢艺术的人们一起学习的机会到了我手上。

在坚持不断做着荷欧波诺波诺的期间，我常常能遇到自己的迷乱和自己以前一直无视的感情，我不再怨恨、自责，而是通过唱念爱和感谢让呼吸轻松，使自己能把自己的麻烦解决好。

荷欧波诺波诺带给我的变化数不胜数。

其中之一，就是我获得了长期以来，或者说从很久以前就开始孜孜以求的内心的安宁。

对自己经历的事情负责、耐心地安抚罪恶感，并且不断净化自己，通过这些让我体会到幸福的感觉。

同时，我十分欣喜地感到，我与自己的关系变好了，与家人、亲戚、祖先，还有现在所在的这个国家的关系也变和谐了。

在我的内心，我长期以来都在寻找“故乡”。

我的父母是日本人，我出生在巴西，在巴西和日本都生活过，但这两个国家中总有一个让我惦念。然而，在我做清理期间，有机会遇到很多杰出的人物，我慢慢认识到自己的心就是“故乡”。

在荷欧波诺波诺学习班听讲期间，我感觉自己可以碰触到与很多艺术家与诗人思想一脉相承的“合一”，感到难以言喻的平和和安宁。每次修·蓝博士在班上给我们展示清理工具，回答大家的提问并为我们清理时，我都很感动。

用这样愉快的方法，可以净化自己过去的经历，还可以在采取某个行动之前清理，让我感到很安心。

最后，再次衷心感谢修·蓝博士，您总是在课堂上热情洋溢地教我们荷欧波诺波诺。另外，我也要感谢大家，是你们把修·蓝博士和荷欧波诺波诺介绍给了我。谢谢你们！

## 体验谈十一

### 做清理，顺其自然地生活

远藤亘

很幸运，因为我遇到了修·蓝博士，遇到了荷欧波诺波诺大我意识法。

大约在十年前，有人这么对我说过：“请你试想一下，宇宙中只有你一个人，所有的一切都是你创造的。”

“如果你感觉到痛苦，那请你问问自己：之所以要经历这些不想要的现实，是不是因为自己有什么问题。只要问问，不用你自己去找答案。”

不久，那个人就去世了。

自那以来我就一直苦恼于一个问题：如果一切都是自己创造的，那如何控制现实才好呢？我也弄不懂为什么只要问，不用求答案。我一直在找问题的答案。为了改变自己不想要的现实，我寻找应该抛弃的观念，抓住新的观念。

2007年，我偶然在网上看到一个“世界上最与众不同的治疗师”的网页。“我只是治疗了自己内心滋生出烦恼的部分……所谓你要对人生承担起完全的责任，是指你人生中的一切，就因为它存在于你的一生之中这一理由，它们就应该成为你的责任。”

读到这篇文章的瞬间，我马上确信，“我长年寻找的东西就在这里”。

我很快就报名参加了荷欧波诺波诺的基础学习班。

开班第一天的早晨，我刚坐下来，就有一个人从后面走过来把手放在我肩头，只说了一句“早上好”就往前面走去了。因为当时我还不认识修·蓝博士，但我忍不住心里琢磨，这人会不会就是修·蓝博士呢？

之后，在两天的课程中，有好几次，从我身边经过时，修·蓝博士都要拍一下我的肩膀。

我觉得奇怪，就在最后一天我要回去的时候问了修·蓝博士，结果博士对我说了一句“Angel”。

因为我不懂英语，就请旁边的人帮忙翻译。

“你是天使。碰触你的身体能净化我。”

“今后请加强意识的学习。”

听到这些，我感到以前的烦恼、痛苦都得到了救赎，心里豁然开朗。

后来，参加大阪学习班、东京学习班，每次都能得到一些建议，我的内心切实地发生了变化。我内心在变化，现实也随着变化。

现在，我终于领悟了以下几点：

· 我人生的所有瞬间，都给了我获得自由的机会。

· 今后也有得到自由的机会。

· 清理就是一切。

· 选择，只有做清理和不做清理这两个。

· 我什么都不知道。

· 我身上没有任何力量。

· 一切都是神性智慧所为。

在所有的瞬间，坚持做清理，回归零状态，我已经放弃了想控制自己人生的企图。而且一切都顺其自然。

我感受来自爱的暖风，只作为一个行动者而活。

# 体验谈十二

## 认知每天都在改变

帕托里斯朱莉安

荷欧波诺波诺不是自己要去探求的东西，它是在需要的状况下，像空气一样到来的东西。它来到我身边，是在一个早晨，以邮件的形式出现的。在读到那封邮件的瞬间，我兴奋得“哇”地叫出了声。

“百分之百负责任”真是美妙至极！这是意识最大的转化。

要问这是什么意思，那就是，自己周围的宇宙万物，包括战争、问题、快乐、悲伤……这些全部都受自己管控。

除此之外什么都没有。只要清理自己的世界就可以了。

宇宙的资料就是自己的资料，如果清除了自己内心的小声音，你能实际感受到这个小声音飘过的一个个瞬间。

在收到那封邮件时，日本还没有举办过荷欧波诺波诺的活动，所以我先找来书籍，上网搜索，阅读各种资料，根据那些信息开始做清理。

不知道是不是清理起了作用，几个月后，我又收到一封新邮件，我知道修·蓝博士将在日本举办首次活动的消息。

我参加了那次活动，意识的转化在继续进行。

之后，我的意识每天都在变化，对荷欧波诺波诺大我意识法的意义的体会也越来越深。

我爱你！我爱你！谢谢！

# 体验谈十三

## 南海乐园的奇迹法则

诊所所长　医学博士　金城邦彦

在作为大海乐园的夏威夷，有如此意义深远的法则存在，让我感到很惊讶。而且，它竟然与东方古代圣贤的法则具有诸多相同之处，这更令我感到惊讶。

重要的是修·蓝博士在夏威夷州立精神病院创造的奇迹般的成绩显示了这种法则的有效性。

还有论文证实，用它还能对高血压有一定的改善作用。另外，还有很多实行这个大法的人们写的体验报告，讲述了很多问题奇迹般的解决经过。

当初我有点怀疑，但这些成绩和论文也引起了我的强烈兴趣。

于是，在参加完研讨会后，我立马就在日常诊疗中进行了尝试。

每当患者被叫进诊室之前，我一边看病历卡上的姓名和住址，一边在心里说“我爱你！谢谢！我感谢你！”或者小声再将这些嘀咕个两三遍。

结果，有趣的事发生了。

在给患者诊疗的过程中，我感觉自己比平常沉稳了，对患者的亲近感、同情心也增加了。对比一下自己以前忘了先说感谢再面对患者时的精神状态，我更能清楚地体会到这一点。

这个效果，不仅对改进自己与患者的关系有帮助，对作为医生的我的精神健康与身体健康应该也大有好处。

大家觉得大部分疾病都与精神压力有很大的关系。

一般认为，通过对荷欧波诺波诺法则的理解和实践，人们的心中会确立起内心的平和、安宁，产生感谢和爱的意念，这可以促进疾病的预防和治疗。

而这些内心的变化，也会给现实带来奇迹般的变化，使各类问题得到解决。

我确信荷欧波诺波诺的法则，不仅能解决个人的问题，对世界和平的确立也是有用的。

# 体验谈十四

## 奇迹般的事情接连发生

天然材料面包工坊　里托卢托里　高木美野里

我和丈夫共同经营一家用自制酵母和国产小麦做面包的面包店。

我的心中一直有些问题解决不了："为什么战争、环境问题、饥饿、南北问题、差距、贫困、暴力会在地球泛滥呢？怎样才能解决呢？我活着的目的是什么？我原本是谁？我这样一个渺小的存在能干什么呢？"

我觉得开面包店这样的工作似乎正是能够帮我寻找那些答案的手段，在面包师丈夫的帮助下，正是在面包店——这种城市里再普通不过的地方——我才能做自己力所能及的事。

尤其是当我生了孩子之后，那些疑问更加强烈了。

批判社会、政治家、大人物的不好并不是我的最终目的，我非常看重甘地所说的“你必须成就自己渴望在这世上见到的变化”。我觉得自己一直在做“自己力所能及的事”，但我又总感觉自己还没有抓到最重要的东西。

那是用敌我这种划分方法无法得到的某种东西……

这些问题一直没有得到解决。2006年夏天，我读到了“世界上最与众不同的治疗师”，感觉自己要找的“正是这个”。

“无论如何，我也要参加学习班”，我心里想着，虽然找到了荷欧波诺波诺基金的网站，但学习班都是在国外举办。怎么才能让修·蓝博士受邀到日本来呢？在我自己问自己时，找到了一个信息：住在加拿大和平哲学中心的核心人物乘松聪子女士在自己的博客中说她参加了学习班。得知像乘松聪子女士那样从事和平教育的人士都在参加学习班的消息，使我受到了极大的鼓舞。

那时，我脑中突然闪现出一个想法，“我要去找筑地由美商量商量”。虽然只是见过面，我还是下定决心给她发了邮件，令我感到惊讶的是，刚发完邮件就收到了她的回复：“这是和平省需要的！我们去夏威夷见他吧！”

随着去夏威夷的时间——2007年2月——的临近，不知何故，我心里出现了另外一个自己，她对我说：“无论如何，你都要和她一起去。”

“我的店不能停业！”

“那你应该给修·蓝博士写信。”

“那么做太冒昧了！我也不知道写什么好啊。”

我心里的两个自己争执不断。

但是，我决定“一定去”的瞬间，就如同关着的门一下子在自己眼前敞开了一样，一切也已就绪！感觉自己有必要赶紧给修·蓝博士发封邮件，我不假思索地说出了自己的心声：希望您无论如何都要来日本。

在我儿子四岁生日那天，基金会的奥玛卡奥卡拉打电话来说："我们到夏威夷见面吧，咱们也去见见博士。"于是，我就带着儿子一起去夏威夷了。

这简直就像比赛中一个个超高难度的绝技被随随便便地做到了一样。由于奥玛卡奥卡拉联系我时交代"在见面之前，请把所有人的姓名和出生年月告诉我"。因此，在出发前，我把名单先发过去了。

在去夏威夷的飞机里，对小麦粉过敏的儿子突然对我说："妈妈，我已经什么都能吃了。"以前，含有小麦粉、鸡蛋、坚果类的食品，面包当然必在其列，就是面条、调料都会引发儿子的湿疹或哮喘。但是那天，他突然自己说没事了，我真的无法相信。

飞机内提供的荞麦面含有小麦粉，儿子坚持说"无论如何也要吃"，我只好一根、一根地让他吃吃看，结果什么事都没有，我很惊讶。从那一次之后，他最主要的一些过敏症都消失了。

而另一方面，在和修·蓝博士的会谈中，他并没有做出要来日本的承诺。由美夫妇的神情不知为什么一下子就变了，似乎不再相信荷欧波诺波诺大我意识法了。

第二天，我仍然没有放弃，但也突然觉察到是自己把荷欧波诺波诺强行加到由美夫妇的兴趣上去的。这是由于在做自己能做的事情之前，总想依靠别人帮助的缘故。

我明白自己不能依赖别人，于是给奥玛卡奥卡拉打了个电话，是她之前说我可以“随时联系”她的。接到电话后，她马上过来接走了我们母子。这也意外地让我再次见到了修·蓝博士。

“清理就是这么回事。”修·蓝博士笑着说，待在一旁的儿子感动得眨着眼睛，不知何时插了一句：“太棒了！妈妈，太了不起了！”

没有人翻译，而儿子却真的听懂了，我很惊讶！博士对我说：“不，正俊真的懂了。虽然他看上去还很小，但是他的灵魂比你还老呢。”

然后他又告诉我，回到日本之后，不要再想操纵谁，或者是想要操纵什么事情，不要再策划什么，只要专心做清理，或许出路就有了。

回国后，小小年纪的儿子成了最理解我的人，他给我的支持多得真是一言难尽。

后来，我发现，筑地由美夫妇也被荷欧波诺波诺俘虏了，真是令人惊讶。而且在平良贝蒂女士出现之后，每天的清理变得更愉快，更充满新鲜感了。11 月份，荷欧波诺波诺学习班得以在日本开班，回头想想，这真是一个接一个的奇迹。

我现在又回归了老本行，每天都坚持做清理，但是不可思议的邂逅和机缘还是不断出现。

父亲被查出患有大肠癌也是如此。在父亲被诊断出结果的两个月之前开始，我身边就接连发生了一些不可思议的事情：遇到对癌症提出过重要观点的已故医学博士的儿子；遇到通过不跟癌症抗争而战胜癌症的人；看到一些可以帮助自己了解癌症知识的书籍，等等。

通过这些事情，我认识到癌症不是不治之症，通过断食、食疗、呼吸法、冥想、意念等方法也能够减缓癌变。所以，当我听到父亲的诊断结果时，我第一反应不是受打击，而是给父母提供一些必要的信息。

坦白地说，清理也会面临非常困难或痛苦的局面，但我今后还是要坚持在每个瞬间做清理。

现在，我负责面包发酵，我非常感激那些在肉眼见不到的地方一直工作的微生物和各种工具。

## 体验谈十五

### 通往我的甜蜜之家的路

瑟琳株式会社法人代表　平良贝蒂

25 年间，我在国内外飞来飞去，就像朋友说的，我真有点听研讨会成瘾。为了改变自己和周遭的现实，只要有好的研讨会，我都会积极参与。

在我 44 岁时，由于更年期症状和抑郁症，我关闭公司，开始闭门不出。不过，我的内心对自己说“还是得出门啊！”也想着，要是有个能养狗、能够让自己感觉更幸福的房子就好了。于是，我天天在雅虎房产网上找房子。

我是一个听研讨会成瘾的人，同时还是至少两三年就要换一次房子的搬家狂。

我好不容易找到了一处位于市内，也带院子的独栋小楼，正是自己一直想要的那种，于是我就搬了过去。但是刚过两三周，我又开始在网上找下一处房子了。

一如既往地，我从周边的朋友那里收到很多研讨会的信息，但当时因为抑郁症，我精力不济，对以前的研讨生活也已感觉疲倦，就没提起兴趣。

有一天，忘年交罗宾给我发过来一个关于荷欧波诺波诺大我意识法的链接，并告诉我说“有个很有意思的学习班”。

虽然自己之前说研讨会这玩意儿我已经参加够了，但读了那个网站的内容，我第一次感觉到自己身体内部（简直就像是来自身外的什么东西）有种自然的能量。第二周我就飞去洛杉矶参加了基础学习班。

回到日本，我每天都专心地做清理。中途有几次因为理解不了一些内容，会感到有些气馁，但最终还是坚持下来了。

终于，我可以为自己以前的任性举止向当时所住的房子道歉并致谢。

“真的谢谢你！搬到这里来之后我非常高兴！未经你的

同意，我就随意进行反复地装修改造，老是埋怨打理院子很麻烦，请你原谅我的这些言行。

“搬到这栋房子里已经三年了，在此期间，女儿大学毕业独立了，儿子复读后考上了理想的大学。我在得到这个房子的启示之后，有了养狗的勇气，实现了自己的愿望。

“这些都是你的功劳！对不起！”

结果，房子告诉我它的名字叫“特鲁玛”。

特鲁玛是一栋35岁的老房子，它第一次跟住在里面的人对上话时非常兴奋，给了我一个大大的拥抱。

做了两个月清理，在七月末的时候，荷欧波诺波诺大我意识法的美国总部联系到我，说在11月份，修·蓝博士能来日本演讲。

然后，以前一直闭门不出的我，为了促成荷欧波诺波诺学习班在日本的开办，理所当然地开始和当时的搭档高木美野里一起活动起来。

因为活动需要租用一个办事处，好久没找房子的我开始在网上搜索。不经意地浏览着，居然碰到了我一直向往的理想公寓，美中不足的是，我想租的那个房子，限养宠物两只，租金也超过我的预算。

因为是自己一直向往的公寓，我尝试跟房地产公司交涉，提出的条件是月租减七万日元、其他初期费用另打折扣，我没打算对方能接受这样的条件。交涉期间，我继续用学习班学到的方法做清理。结果房地产商约我去面谈，他们居然当场就按我提的条件签约了。

我们约定在炎热的八月初搬家，我感谢特鲁玛说，你给予我一个美好的居所。

特鲁玛正好是我26岁离婚以来，第八次搬离的房子，我的记忆中浮现出以前的房子差不多都像禁养宠物一样不欢迎单亲家庭入住的记忆，于是我把过去25年的记忆通通清理掉了，就像压在背上的记忆从身体里倾泻一空一样。

特鲁玛自始至终一直倾听并引导我想起来那些事。清理结束时，我跪在玄关，额头触地，流着眼泪深深地呼吸。

离开之际，虽然房产公司跟我说，打扫之类收拾的工作由物业负责，不需要我动手。但我还是亲自做了大扫除，因为我觉得自己能为特鲁玛做的唯一的事情，就是把它打扫得比我入住时还干净，还它一身清洁。

在我扫除时，自己的内心也得到了清理，我感觉自己的身心都变轻巧了。

以前，我总是觉得“哎，这个房子我已经厌倦了”，然后便不断换房子，而这一次，我却感觉自己要搬离的房子很可爱，离开这里甚至让我感到失落。

最后，我用了基础学习班上分发的小册子里介绍的几种清理工具，让自己对房子依依难舍的想法消失了，爽快地完成了大扫除。

这才是真正的搬家。

如果我们内心是平和的，那不论我们住的是什么样的地方，都是自己的家，甜蜜的家！

通过荷欧波诺波诺的方法，我得到了自己一生中最甜蜜的家。

# 后记

## 在执笔过程中发生的不可思议的事

在我执笔撰写这本书时，喝蓝色太阳水、随身携带“Ceeport”商品、唱念四句话已经成为我的习惯。而且在执笔写书的过程中，也发生了很多不可思议的事情。

把采访内容的录音整理成文稿的工作，我一直是交给专业人士做的。在跟录音核对时，肯定会有些地方需要确认。而且，从长时间录音里找出特定的词语再次进行确认是一件非常烦琐的工作。这一次，我用电脑查找录音资料，居然很快就找到了需要确认的地方。

需确认的地方有好几处，我一边琢磨这次不会再有那么巧的情况发生吧，一边继续听录音，结果我想确认的地方都毫厘不差地出现了。

我长期从事这个工作，这样的情况还是第一次碰到。真让我很难认为那是单纯的偶然现象。我只能认为，这就是荷欧波诺波诺的直接作用使然。

在采访时，荷欧波诺波诺大我意识法的哲学深度，和只要念唱四句话而不必明白它的意思的简单做法之间，我觉得平衡不起来。这个疑问终于通过修·蓝博士的耐心说明得到了化解。

在此之前，我自己策划过几本关于灵性的书，在各种各样的世界观中，只有荷欧波诺波诺大我意识法的世界观是毫无矛盾，可以包容一切的。

修·蓝博士身上有某种特别的东西，只要跟他在一起，宁静、安心就会围绕在你周围。帽子是他的招牌，帽檐下的笑脸真的让人感到无比的温和。

做采访的人，对自己不能理解的事情用不同的问法、不同的表达形式反复地询问是很常见的，面对我提出的愚蠢问题或是疑难问题，修·蓝博士却一直都是笑着回答的。

采访的日程一直被安排得很紧凑，我常常要采访他很长时间，甚至直到深夜，但博士旺盛的精力令人吃惊，让人看不出他的真实年龄。这或许也是荷欧波诺波诺的效果。这本书的出版，也许就是我受神性智慧指引的印证。

在这本书的撰稿过程中，我得到了修·蓝博士在日本的经纪人平良贝蒂女士的大量帮助，这本书的面世，是她舍身奉献的结果。

就是现在，那四句话还在我脑子里不断地回荡。

谢谢你！对不起！请原谅！我爱你！

樱庭雅文

2008年9月11日

# 译后记

我对翻译工作很感兴趣，之前也做过不少文稿翻译，当然也想尝试翻译整本书，只是一直没有机会。所以这次经朋友介绍，接到《荷欧波诺波诺的幸福奇迹》一书的翻译邀约时，我很兴奋。通过试译，我最终得到了翻译这本书的机会，首先对编辑室给予我的信任表示衷心感谢！同时感谢给我介绍这个翻译工作的李佳林老师。

拿到原文样书通读之后我感觉并不太难，然后我又认真研读了此书作者的另一作品的中文译本，事先对相关的内容进行了了解、学习。动手翻译之前，自己感觉准备工作做得很充分，以为很快就能成稿，然而真正开始之后，在过程中还是遇到了不少难题，颇费了一番思量。

但是，我既然接受了这个工作就必须对自己的译文质量负责，对读者负责，所以每遇到不好理解的地方，我从不敢主观臆断，一定是向多人求教，跟他们反复讨论，彻底明了后再确定译文。同事孙晓英刚好在国外学习，实在模棱两可之处则请她直接找日本老师帮忙分析。朋友吴春平、卢明方对宗教文化比较了解，有关神性、灵性方面的内容很多都请他们给予指点。朋友叶浩兵为我的译稿做了全文润色。同事、朋友的帮助让我的翻译过程充满了温情，在此对他们表示衷心感谢。

自己翻译的东西第一次被摆上了书架，辛苦早忘了，剩下的是小小的成就感!

2012 年 4 月

于天津

作者简介

## [美]伊贺列卡拉·修·蓝博士

教授解决问题和释放压力的课程长达四十年，曾在夏威夷州立医院担任了三年的临床咨询师，治愈了医院里多名患有精神疾病的罪犯。多年来，他与多个组织的上千人一起工作过，这些组织包括联合国教科文组织、国际人类合一会议、世界和平会议、传统印度医学高峰会、欧洲和平疗愈者，以及夏威夷州立教师协会等。他从1983年起就在全世界教导新版的“荷欧波诺波诺”疗法，曾经三次与夏威夷治疗师莫娜·纳拉玛库·西蒙那一起在联合国介绍此疗法。著有《零极限》《富在工作》《阿啰哈》等。

## 图书在版编目（CIP）数据

荷欧波诺波诺的幸福奇迹 /（美）伊贺列卡拉·修·蓝，（日）樱庭雅文著；周海琴译．
—北京：中国青年出版社，2020.4（2023.4 重印）
ISBN 978-7-5153-5981-6

I. ①荷… II. ①伊…②樱…③周… III. ①幸福 – 通俗读物 IV. ① B82–49

中国版本图书馆 CIP 数据核字（2020）第 043386 号

著作权合同登记号：01-2017-1812
MINNAGA SHIAWASE NI NARU HO'OPONOPONO


**荷欧波诺波诺的幸福奇迹**

---

作　　者：[ 美 ] 伊贺列卡拉·修·蓝 [ 日 ] 樱庭雅文
译　　者：周海琴
责任编辑：吕娜 王超群
书籍设计：瞿中华
出版发行：中国青年出版社
社　　址：北京市东城区东四十二条 21 号
网　　址：www.cyp.com.cn
经　　销：新华书店
印　　刷：三河市少明印务有限公司
规　　格：787 × 1092mm 1/32
印　　张：8
字　　数：140 千字
版　　次：2020 年 5 月北京第 1 版
印　　次：2023 年 4 月河北第 3 次印刷
定　　价：69.00 元
如有印装质量问题，请凭购书发票与质检部联系调换
联系电话：010—65050585